普通高等教育"十一五"国家级规划教材配套参考书　　河南省"十四五"普通高等教育规划教材

教育部大学计算机课程改革项目规划教材

计算机应用基础
实验指导与测试

第6版

○ 主　编　王爱民
○ 副主编　张金秋　何元飞

U0192932

中国教育出版传媒集团

高等教育出版社·北京

内容提要

本书是与普通高等教育"十一五"国家级规划教材《计算机应用基础》(第6版)(王爱民主编,高等教育出版社出版)配套使用的实验指导与测试。全书分为三篇:实验篇、操作测试篇和基础知识测试篇。

实验篇给出了与主教材对应的实验目的、实验要点和实验内容。测试篇综合了主教材讲授的内容要点和"全国计算机等级考试"的相应知识点,分别选编了多套操作测试题和基础知识测试题。学生在学习结束时,可以对主教材每一章节内容(包括"全国计算机等级考试"相应知识点)的要点、概念、基础知识的掌握程度进行自我测试。

本书可作为计算机应用基础课程的教学辅导用书,也可作为全国计算机等级考试的参考书。

图书在版编目(CIP)数据

计算机应用基础实验指导与测试 / 王爱民主编. -- 6版. -- 北京:高等教育出版社,2023.7(2024.5重印)
ISBN 978-7-04-059998-5

Ⅰ.①计… Ⅱ.①王… Ⅲ.①电子计算机-高等学校-教学参考资料 Ⅳ.①TP3

中国国家版本馆 CIP 数据核字(2023)第 032424 号

Jisuanji Yingyong Jichu Shiyan Zhidao yu Ceshi

策划编辑	武林晓	责任编辑	武林晓	封面设计	张申申	版式设计 童 丹
责任绘图	马天驰	责任校对	王 雨	责任印制	朱 琦	

出版发行	高等教育出版社	网　　址	http://www.hep.edu.cn
社　　址	北京市西城区德外大街 4 号		http://www.hep.com.cn
邮政编码	100120	网上订购	http://www.hepmall.com.cn
印　　刷	大厂益利印刷有限公司		http://www.hepmall.com
开　　本	787mm×1092mm　1/16		http://www.hepmall.cn
印　　张	14.75	版　　次	2005 年 4 月第 1 版
字　　数	330 千字		2023 年 7 月第 6 版
购书热线	010-58581118	印　　次	2024 年 5 月第 3 次印刷
咨询电话	400-810-0598	定　　价	33.00 元

本书如有缺页、倒页、脱页等质量问题,请到所购图书销售部门联系调换

计算机应用基础实验指导与测试

第6版

主　编　王爱民
副主编　张金秋　何元飞

1 计算机访问 http://abook.hep.com.cn/1880188，或手机扫描二维码、下载并安装 Abook 应用。

2 注册并登录，进入"我的课程"。

3 输入封底数字课程账号（20位密码，刮开涂层可见），或通过 Abook 应用扫描封底数字课程账号二维码，完成课程绑定。

4 单击"进入课程"按钮，开始本数字课程的学习。

计算机应用基础
实验指导与测试 第6版

主　编　王爱民
副主编　张金秋　何元飞

"计算机应用基础实验指导与测试（第6版）"数字课程与纸质教材一体化设计，紧密配合。数字课程涵盖动画资源、微视频、案例素材、拓展案例、图片资源、拓展实验、拓展资源等，充分运用多种媒体资源，极大地丰富了知识的呈现形式，拓展了教材内容。在提升课程教学效果的同时，为学生学习提供思维与探索的空间。

课程绑定后一年为数字课程使用有效期。受硬件限制，部分内容无法在手机端显示，请按提示通过计算机访问学习。

如有使用问题，请发邮件至 abook@hep.com.cn。

扫描二维码
下载 Abook 应用

http://abook.hep.com.cn/1880188

○ 前 言

本书是与普通高等教育"十一五"国家级规划教材《计算机应用基础(第6版)》(王爱民主编,高等教育出版社出版)配套使用的实验指导与测试。编写本书的主要目的是方便教师的教学和学生的学习。

本书分为三篇:实验篇、操作测试篇和基础知识测试篇。

实验篇根据大学计算机教育的基本目标,安排了32个实验。其中"操作系统"3个实验;"字处理软件"5个实验;"电子表格"4个实验;"演示软件"4个实验;"网络基础"6个实验;"Dreamweaver CS5"2个实验;"Flash"2个实验;"Photoshop"2个实验;"Access数据库基础"4个实验。

操作测试篇对应实验内容,综合了教材讲授的内容要点和"全国计算机等级考试"(一、二级)的相应知识点,选编了9套操作测试题,供学生在学习结束时自我测试使用,以便巩固所学知识。

基础知识测试篇选编了9个知识模块对应的11套测试题,使学生在学习结束时,能够对教材每一章节内容(包括"全国计算机等级考试"一、二级相应知识点)的要点、概念、基础知识的掌握程度进行自我测试。

书中网络基础的实验要求有网络环境(如校园网),各学校可以根据实际的实验环境和学时等因素对实验内容进行选取。

本书由王爱民主编,参加编写工作的还有张金秋、何元飞等老师,全书的统稿工作由王爱民完成。

本书为新形态教材,配套有动画资源、微视频、案例素材、拓展案例、图片资源、拓展实验、拓展资源等教学资源,需要者可以通过http://abook.hep.com.cn/1880188免费下载,使用方法详见数字课程说明页,也可以同作者联系,E-mail:wam508@126.com 或 wam508@163.com。

由于时间仓促且作者水平有限,书中难免有不妥之处,恳请读者批评指正。

编 者
2023年5月

○ 目　录

实　验　篇

操作测试篇

基础知识测试篇

实验篇

1.0　预备实验

实验一　指法练习

一、熟悉键盘

1. 观察键盘

键盘如图 1.0.1 所示。

图 1.0.1　键盘分布

2. 键盘的使用

使用键盘时应注意正确的按键方法。在按键时，手抬起，伸出要按键的手指，在键上快速击打一下，不要用力太猛，更不要按住一个键长时间不放。在按键时手指不要抖动，用力一定要均匀。在进行输入时，正确姿势是坐姿端正，腰背挺直，两脚平稳踏地；身体微向前倾、双肩放松、两手自然地放在键盘上方；大臂和肘微靠近身体，手腕不要抬得太高，也不要触到键盘；手指微微弯曲轻放在导键上，左、右手拇指稍靠近空格键。

打字时的基本姿势如图 1.0.2 所示："F" 和 "J" 键上有凸起，这两个键是

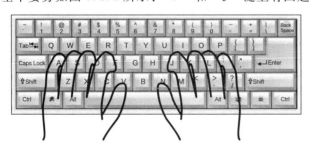

图 1.0.2　打字的基本姿势

打字的导键，打字时双手要按照如图 1.0.2 所示的姿势自然放于键盘上，双手的食指分别落在"F"和"J"这两个导键上，这样键盘分成了左右两个部分，左手按左部键，右手按右部键。

二、指法操作

使用 TT 或 CAI 等指法练习软件练习英文单词及文章的输入，注意中英文的切换和中文全角/半角的切换。

三、汉字输入

切换到某种汉字输入法做汉字输入练习：打开"开始"→"所有程序"→"附件"中的"记事本"或"写字板"应用程序，然后选择一种汉字输入法练习汉字、词组及标点符号的输入。

实验二　微型计算机系统组成实验

一、微型计算机硬件系统的组成及其装配

1. 硬件系统的组成

微型计算机又称作个人计算机，其基本构成有显示器、主机、键盘和鼠标，还包括音箱、打印机等设备。

显示器是微型计算机的标准输出设备，键盘和鼠标是输入设备，它们都通过专用连接线和插头连接在主机上。

主机及其构成如图 1.0.3 所示。

图片资源 0-1：
台式机

图片资源 0-2：
笔记本电脑

图片资源 0-3：
苹果机

微视频 0-1：
微型计算机硬件
组装

图 1.0.3　主机结构

电源　CD-ROM驱动器　软盘驱动器　PCI插槽　视频适配器　CPU　输入输出端口　声卡　硬盘驱动器　适配器　主板

2. 硬件系统装配

（1）装配主机

【步骤】

① 把主板（如图 1.0.4 所示）固定在机箱内壁上，ROM 和 Cache 一般集成在主板上，电源一般集成在主机箱上。

图 1.0.4　主板

② 安装 CPU：主板上有 CPU 专用插座，位置如图 1.0.3 所示，放开 CPU 插座上的锁杆，插入 CPU，CPU 只有在方向正确时才能够被插入插座中，然后在 CPU 上固定 CPU 电风扇，如图 1.0.4 所示。

③ 安装内存：如图 1.0.4 所示的内存插槽就是插入内存条的位置，让内存条的两个凹槽直线对准内存插槽，紧压两个白色的固定杆确保内存条被固定住。

④ 安装适配卡：显卡、声卡、网卡等适配卡安装在 PCI 插槽上（图 1.0.4），让适配卡的凹槽直线对准 PCI 插槽后插入，并进行固定。

⑤ 把 CD-ROM 驱动器、软盘驱动器以及硬盘驱动器固定在主机的安装托架上，如图 1.0.3 所示。

⑥ 把机箱内的数据线和电源线连接上，注意色线相对，然后装上主机箱面板，连接好电源按钮，主机装配完成。

（2）连接外设

【步骤】

① 键盘和鼠标的插头分别插入机箱背面的 USB 接口或 COM1 和 COM2 端口。

② 显示器插头插入机箱背面的视频适配器的插槽中。

③ 打印机插头插入机箱背面的并行端口 LPT 中。

【注意】　不必担心插错，因为插头和相应插槽或端口的接口必须一一对应时才能正常插入。

二、安装软件系统

（1）安装操作系统

【步骤】　以安装 Windows 7 为例

动画资源 0-1：
主板上主要器件
组装动画演示

拓展资源 0-1：
操作系统基本概
念

① 把 Windows 7 安装盘放入 CD-ROM 驱动器中，设置系统启动优先顺序为 CD-ROM 最先，设置步骤为：

a. 启动计算机时，当内存自检完毕还未开始引导系统时，按下键盘上的 Delete 键，进入 CMOS 设置，如图 1.0.5 所示。

图 1.0.5　光盘启动设置 1

b. 按键盘上的 4 个方向键对设置项进行选择，设置引导顺序，选择 "BIOS FEATURES SETUP" 选项，然后按 Enter 键。

c. 进入下一步，如图 1.0.6 所示，选择 "Boot Sequence"，按键盘上的 Page Down 键选择 "CDROM，C，A"，系统将按照首先 CDROM，然后 C 盘，最后 A 盘（软驱）的顺序引导系统。

图 1.0.6　光盘启动设置 2

d. 按 Esc 键回到如图 1.0.5 所示的主界面，选择 "SAVE & EXIT SETUP" 选项，按 Enter 键将弹出确认对话框，如图 1.0.7 所示，按键盘上的 "Y"（即 "YES"）键，再按 Enter 键后完成光盘启动设置。

② 重新启动计算机，CD-ROM 中的 Windows 7 安装盘会引导系统，并进入安装程序自检阶段，该阶段对硬件系统进行自动检测。

③ 自检完成进入了蓝色的 Windows 7 安装界面，安装程序有 3 个选择项：

a. 要开始安装 Windows 7，按 Enter 键。

b. 要修复 Windows 7，按 R 键。

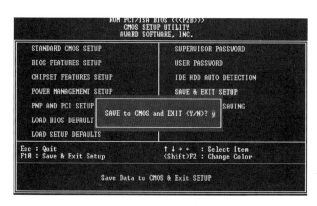

图 1.0.7　光盘启动设置 3

c. 要停止 Windows 7 并退出安装程序，按 F3 键。第一次安装一般选择 a 选项，按下 Enter 键。

④ 安装程序进入安装目录选择窗口后，确定程序需要安装到哪个路径有 3 个选项："要在所选项目上安装 Windows 7，请按 Enter""要在尚未划分的空间中创建磁盘分区，请按 C""删除所选磁盘分区，请按 D"。如果已经完成分区，一般选择 C 盘根目录进行安装。

⑤ 安装程序将询问采取哪种文件格式安装，有 3 个选项：

a. 用 FAT 文件系统格式化磁盘分区。

b. 将磁盘分区转换为 NTFS。

c. 保持现有文件系统。一般选择 NTFS 格式。

⑥ 系统开始复制系统安装所需文件。

⑦ 文件复制完毕自动重新启动系统，这时设置系统启动优先顺序为本地硬盘最先，安装程序进入正式安装阶段，输入软件序列号后根据安装程序的提示即可完成安装过程。

（2）安装硬件驱动程序

【注意】 Windows 7 会自动安装大多数硬件设备的驱动程序，如果还有硬件设备的驱动程序需要安装，如打印机，应根据硬件使用手册上的驱动程序安装指南进行安装。

（3）安装应用软件——Office 2010

【步骤】

① 在 Windows 7 操作系统下把 Office 2010 的安装盘放入 CD-ROM 驱动器中，安装程序自动启动。

② 输入软件序列号后，根据安装程序提示完成安装。

（4）安装其他应用软件

安装其他应用软件，如压缩文件管理工具、媒体播放工具、防病毒软件等，可以从光盘进行安装，或者从网上下载免费工具软件安装，安装过程同样为启动安装程序后按照提示进行安装。

1.1 "Windows 10 操作系统"实验

实验一 Windows 10 基本操作

一、实验目的

拓展资源 1-1：
Windows 诞生
始末

1. 掌握 Windows 10 的启动与退出；
2. 掌握鼠标的基本操作；
3. 了解 Windows 10 的桌面组成；
4. 掌握窗口的基本操作和菜单的操作方法；
5. 掌握中文输入法的选择和获得 Windows 帮助信息的方法。

二、实验要点

1. 启动计算机和 Windows 10 操作系统；
2. 认识 Windows 10 系统桌面的组成；
3. 鼠标的基本操作练习；
4. 认识 Windows 系统窗口组成并进行各种窗口操作；
5. 进行中文输入法的各项操作；
6. 启动 Windows 10 帮助系统并进行获取帮助的操作。

三、实验内容

1. Windows 10 的启动与退出

【步骤】 见主教材 5.1.6 节 Windows 10 的启动与退出。

2. 鼠标的基本操作练习

【步骤】

（1）手握鼠标，不要太紧，就像把手放在自己的膝盖上一样，使鼠标的后半部分恰好在掌下，食指和中指分别轻放在左右按键上，拇指和无名指轻夹两侧，如图 1.1.1 所示。

（2）移动鼠标使计算机桌面上的鼠标指针对准某一个对象，如"计算机"图标。

（3）快速按下并松开鼠标左键，"计算机"图标颜色变深，表明该图标已经被选中，如图 1.1.2 所示。

（4）重新移动鼠标指向"计算机"图标，快速、连续按下并松开鼠标左键两次，就激活并打开了"计算机"窗口。

图 1.1.1　握鼠标姿势　　　　图 1.1.2　鼠标单击

（5）重新移动鼠标指向"计算机"图标，按住鼠标左键不要松开，然后在桌面上拖动，如图 1.1.3 所示，将鼠标指针移到目标位置，松开鼠标左键。

（6）在桌面空闲区域快速按下并松开鼠标右键，这时会出现一个快捷菜单，如图 1.1.4 所示。

图 1.1.3　鼠标拖曳　　　　图 1.1.4　快捷菜单

3. 窗口的基本操作

【步骤】　见主教材 5.2.3 节窗口的基本操作。

4. 中文输入法

【步骤】　见主教材 5.2.7 节添加中文输入法。

5. 获得 Windows 帮助

【步骤】　见主教材 5.2.8 节使用帮助。

实验二　文件系统和资源管理

一、实验目的

1. 理解文件和文件夹的概念及文件系统的组织方式；
2. 掌握 Windows 10 的资源浏览方法；
3. 掌握文件或文件夹的命名与搜索方法；
4. 掌握文件或文件夹的复制和删除方法；
5. 掌握文件和文件夹属性的查看与设置方法；
6. 掌握快捷方式的创建和使用方法，以及控制面板的使用方法；

7. 掌握 Windows 10 播放多媒体的方法。

二、实验要点

1. 用"此电脑"和"资源管理器"浏览计算机资源；
2. 掌握文件或文件夹的命名、复制、移动和删除操作；
3. 掌握文件或文件夹的查找和搜索操作；
4. 查看并设置文件或文件夹属性；
5. 创建快捷方式；
6. 使用控制面板；
7. 在 Windows 10 中播放多媒体文件。

三、实验内容

1. Windows 10 的资源浏览

【步骤】 见主教材 5.3.2 节资源浏览。

2. 文件或文件夹的命名与搜索操作，文件或文件夹的复制和删除操作，查看并设置文件和文件夹的属性，创建和使用快捷方式

【步骤】 见主教材 5.3.3 节文件和文件夹的管理。

3. 控制面板的使用

【步骤】 见主教材 5.4 节控制面板。

4. 多媒体应用

【步骤】

（1）Windows Media Player 的使用。通过"开始"→"附件"→"Windows Media Player"步骤来打开"Windows Media Player"窗口。进入 Windows Media Player 以后，用户选择所需的多媒体文件，打开一个多媒体文件之后，单击播放器底部的"播放"按钮即可播放，如图 1.1.5 所示。

（2）录音机的使用。通过"开始"→"录音机"步骤来打开"录音机"窗口，如图 1.1.6 所示，只需单击"开始录制"按钮就可以录音了。

图 1.1.5 "Windows Media Player"窗口　　　　图 1.1.6 "录音机"窗口

实验三 Windows 的其他操作

一、实验目的
1. 掌握 Windows 程序的添加/删除方法；
2. 掌握日期和时间的设置方法。

二、实验要点
1. 删除 Windows 程序的操作；
2. 设置系统日期和时间的操作。

三、实验内容
1. 删除 Windows 程序

【步骤】

（1）在控制面板中单击"程序和功能"图标，弹出"程序和功能"窗口，如图 1.1.7 所示，在"卸载或更改程序"列表中列出了当前安装的所有程序，单击某一个程序名称进行"更改"或"卸载"。

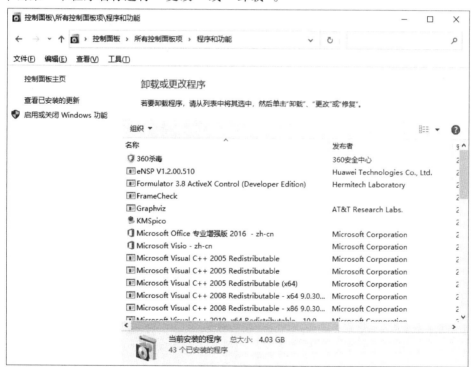

图 1.1.7 "程序和功能"窗口

（2）单击图 1.1.7 中的"查看已安装的更新"选项，如图 1.1.8 所示；显示计算机中所有的系统更新，如果需要卸载，选择相应程序后单击"卸载"按钮，即可进行卸载。

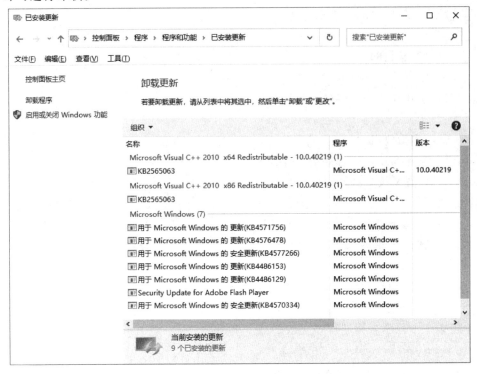

图 1.1.8　"查看已安装的更新"窗口

（3）单击图 1.1.7 中的"启用或关闭 Windows 功能"选项，弹出"Windows 功能"窗口，如图 1.1.9 所示，在"启用或关闭 Windows 功能"列表框中，选中或清除选中的组件旁边的复选框，单击"确定"按钮即可完成操作。

图 1.1.9　"Windows 功能"窗口

2. 设置系统日期和时间

【步骤】

（1）按照以下两种方法打开"日期和时间"对话框：

① 单击桌面任务栏中最右侧的时间图标，选择"更改时期和时间设置"选项，弹出"日期和时间"对话框，如图 1.1.10 所示；

② 双击"控制面板"中的"日期和时间"图标，打开"日期和时间"对话框。

（2）在图 1.1.10 所示的对话框中修改目前系统日期和时间，在"时区"中修改时区信息。

图 1.1.10 "日期/时间"对话框

1.2 "文字处理"实验

实验一 文档的基本操作

一、实验目的
1. 掌握 Word 2016 的启动与退出方法和 Word 2016 的窗口组成结构；
2. 了解文档管理的基本方法，养成良好的文档操作习惯。

二、实验要点
1. 启动和退出 Word 2016；
2. 新建和保存 Word 文档；
3. 关闭和打开 Word 文档；
4. Word 文档保护的操作。

三、实验内容
1. Word 2016 的启动与退出

【步骤】

（1）按以下两种方法之一启动 Word 2016。

① 通过"开始"菜单启动：单击"开始"按钮，选择"所有程序"菜单项中的 Word 2016 应用程序项，即可启动 Word 2016，弹出窗口如图 1.2.1 所示。

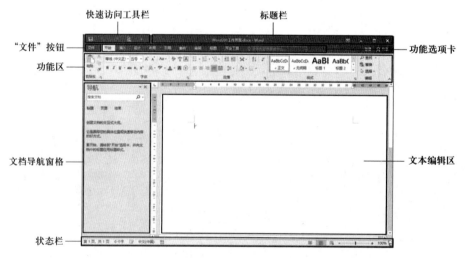

图 1.2.1 文档窗口组成

② 找到图标为 的文件或文件扩展名为".docx"的文件，它们都是系统识别的 Word 类型文档，打开该文档，同时也启动了 Word 2016。

（2）按以下 3 种方法之一退出 Word 2016。

① 在 Word 窗口中，单击右上角的"关闭"按钮关闭当前文档，重复这样的操作，直到关闭所有打开的 Word 文档，方可退出 Word 2016 程序。

② 在 Word 窗口中，在标题栏空白处右击，在弹出的窗口控制菜单中单击"关闭"命令，快捷键是 Alt+F4，关闭当前文档，重复这样的操作，直到关闭所有打开的 Word 文档，方可退出 Word 2016 程序。

③ 在 Word 窗口中，单击"文件"按钮，然后单击左侧窗格的"关闭"命令关闭当前文档，重复这样的操作，直到关闭所有打开的 Word 文档，方可退出程序。

2. 新建 Word 文档

【步骤】

（1）按照以下 3 种方法之一新建 Word 文档。

① 启动中文 Word 2016 后，主窗口中将自动打开一个名为"文档 1.docx"的 Word 文档，用户可以直接在这个文档中开始输入文本的工作。

② 在快速访问工具栏上单击"新建空白文档"按钮 创建一个新文档。

③ 在 Word 窗口中切换到"文件"选项卡，在左侧窗格单击"新建"命令，在右侧窗格的"可用模板"栏中选择"空白文档"选项，然后单击"创建"按钮即可。

（2）输入文本，在文本编辑区闪烁的光标处通过键盘输入正文内容。

【小技巧】 用户在正文输入过程中还应该注意一些技巧的使用：

① 不要每行按回车键。中文 Word 2016 有自动换行功能，因此只有在一个段落结束时才使用回车键换行。

② 不要用键定位。可以利用制表位定位，既准确又快速。而使用空格键定位会十分麻烦又不精确，并且一旦改变字符大小，间距就会发生变化。

③ 不要频繁地使用下画线。使用带下画线的字体会占用较多的内存空间，应尽量使用黑体、斜体的方式来表示强调。

④ 要经常存盘。中文 Word 2016 默认 10 分钟自动存盘一次，建议用户几分钟存一次盘，以避免意外死机导致工作成果丢失。

⑤ 注意保留备份。计算机硬盘的突然失效，或者别人无意删除了用户文件，都会带来重大损失。如果对重要文件做了备份，那么损失将会降到最低。

⑥ 使用"撤销"功能。如果无意的操作使窗口中的文档格式发生了很大变化，这时不需要重新操作一次，只要执行"编辑"菜单中的"撤销"命令或者单击工具栏中的"撤销"按钮，就可以恢复原来状态。其实，如果有足够的内存，甚至可以撤销到本次打开文档的最初编辑状态。

⑦ 使用面板与样式。使用样式定义标题和正文等的格式，可以快速完成一些简单的排版工作；而使用中文的模板或者自定义的模板，可以使日常文档编

辑工作变得非常简捷。

3. 保存文档

（1）对新建文档进行保存

【步骤】

① 对新建的文档第一次需要进行保存时，单击"文件"选项卡，执行"保存"命令，或单击快速访问工具栏中的"保存"按钮 🖫，或按 Ctrl+S 组合键，弹出如图 1.2.2 所示的"另存为"对话框。

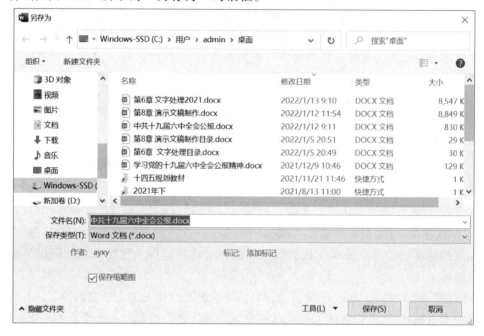

图 1.2.2 "另存为"对话框

② 在此框中的"保存位置"下拉列表框中选择文档所要存放的位置。

③ 在"文件名"处，Word 一般将文档的第一句话作为文件名，用户也可以输入要保存文档的名称。

④ 在"保存类型"下拉列表框中选择文档要保存的格式，默认为 Word 类型（扩展名为 .docx，并自动添加）。还可以选择 Word 97-2003、纯文本文档、模板文档、RTF 格式文档等，以便与其他字处理程序兼容使用。

⑤ 最后单击"保存"按钮即可。

（2）对修改后的文档进行保存

对执行过第一次保存操作或打开操作的文档进行了编辑修改，需要保存修改结果，可以进行以下任意一个保存操作。

【步骤】

① 单击"文件"选项卡，执行"保存"命令。

② 直接单击快速访问工具栏上的"保存"按钮 🖫。

③ 按组合键 Ctrl+S。

④ 如果用户想把修改后的内容保存为另外一个文件时，就需要执行"文件"→"另存为"命令，在弹出的"另存为"对话框中的操作和新建文档进行保存的操作一样。

（3）自动保存

【小技巧】 为防止突然断电或其他事故造成的文档内容丢失，Word 提供了在指定时间间隔中为用户自动保存文档的功能。

【步骤】

① 在需要设置自动保存的文档窗口中选择"文件"→"选项"命令，或在进行保存操作时弹出的"另存为"对话框中选择"工具"→"保存选项"命令，弹出如图 1.2.3 所示对话框。

② 选择"保存"选项卡，其中有一项是"保存自动恢复信息时间间隔"，选中该项（有"√"标志），并设置自动保存时间，最后单击"确定"按钮退出即可。

图 1.2.3 "Word 选项"对话框

4. 关闭和打开 Word 文档

（1）关闭 Word 文档

【步骤】

① 单击标题栏上的"关闭"按钮，或单击"文件"→"关闭"命令，或指向任务栏上对应按钮右击，在弹出的快捷菜单中执行"关闭"命令；

② 如果该文件还未执行最后的保存命令，则弹出如图1.2.4所示的对话框。单击"保存"按钮保存退出，单击"不保存"按钮不保存退出，单击"取消"按钮则重新返回文件编辑窗口。将所有 Word 文档关闭后，再退出 Word 2016 窗口。

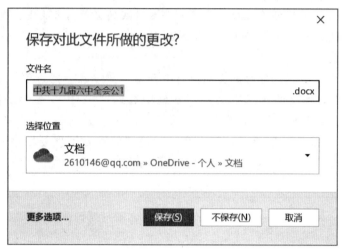

图 1.2.4　提示是否保存对话框

（2）打开 Word 文档

按照以下两种方法之一打开 Word 文档：

① 双击打开。打开该文档所在的文件夹，直接双击该文档的图标即可打开该文档。

② 进入 Word 2016 以后，执行"文件"→"打开"命令或单击快速访问工具栏中的"打开"按钮，弹出如图1.2.5所示的"打开"对话框。

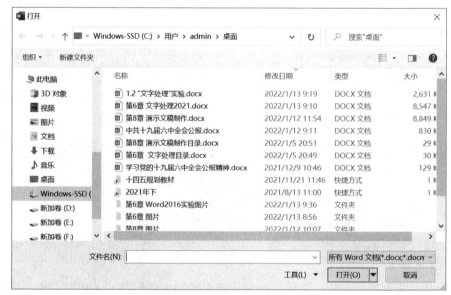

图 1.2.5　"打开"对话框

a. 在"查找范围"下拉列表框中选择文档所保存的路径。

b. 在"文件类型"处选定文档的类型。

c. 在工作区找到要打开的文档并选定，或直接在"文件名"的位置输入文档的名字。

d. 在"打开"按钮处选择一种打开方式，默认为普通的"打开"方式，还有"以只读方式打开""以副本方式打开""用浏览器打开"（只适用于 HTML 文档）3 种选项。

5. 保护文档

【小技巧】 如果用户创建的文档属于个人隐私或秘密文件时，那么就需要采取相应的保护措施，不让其他人修改或看到文档内容。

◇ 口令保存

【步骤】

① 在需要设置口令的文档窗口中选择"文件"→"信息"选项卡，在中间窗格中单击"保护文档"按钮，如图 1.2.6 所示。在弹出的下拉列表框中可以进行权限密码的设置。除此之外也可以在进行文档保存操作时弹出的"另存为"对话框中选择"工具"→"常规选项"命令，同样可以在弹出"常规选项"对话框中进行权限密码的设置。

图 1.2.6 "保护文档"列表框

② 如果不想让别人看到这个文档，则在"打开文件时的密码"处输入密码。如果只是不想让别人对文档进行修改而可以查看，那么在"修改文件时的密码"处输入密码，然后再确认一次，最后单击"确定"按钮。下次打开该文档时，系统就会提示输入相应密码。

实验二　文档的编辑与排版

一、实验目的

1. 掌握编辑位置的定位，学会使用格式刷，掌握文字的查找与替换方法；
2. 掌握文本块的基本操作，掌握项目符号与特殊符号的插入方法；
3. 掌握编辑中撤销与恢复的方法；
4. 掌握页面设置、各种字体设置、段落的设置方法。

二、实验要点

1. 定位编辑位置；
2. 查找与替换文本；
3. 插入项目符号和特殊符号；
4. 文档编辑的基本操作，包括字体格式设置、段落格式设置以及页面设置等；
5. 格式刷的操作。

三、实验内容

1. 定位编辑位置

◇ 基本定位

【步骤】　按照以下 3 种方法之一进行文档编辑位置的定位：

① 使用键盘上的 4 个方向键来移动光标进行定位操作。

② 在文档编辑区移动鼠标指针，鼠标指针形状将变成"光标"状，这时在所需定位之处单击鼠标左键，光标将定位于该位置；如果所需的位置不在当前显示范围，先利用垂直滚动条翻滚屏幕，找到要定位的目标，再进行定位操作。当单击滚动条滑块时，屏幕上会显示它所指向页的页码。

③ 单击"开始"→"查找"命令，在弹出列表中选择"转到"命令，弹出如图 1.2.7 所示窗口。

图 1.2.7　"查找和替换"对话框

【小技巧】 用户还可以利用 Word 2016 提供的书签功能，快速实现光标定位：① 将光标移到要插入书签的地方，执行"插入"→"书签"命令，弹出如图 1.2.8 所示的对话框。② 在"书签名"栏中输入要定义的书签名称，然后单击"添加"按钮，就可以把一个名为"GOOD"的书签插入当前光标位置。③ 打开如图 1.2.8 所示的书签对话框，在书签名列表框中选择该书签名，然后单击"定位"按钮，就可以把光标移到该书签处。

图 1.2.8 "书签"对话框

2. 查找与替换文本

（1）查找文本

【步骤】

① 单击"开始"选项卡中的"查找"命令，在弹出的下拉列表框中选择"高级查找"命令，弹出如图 1.2.9 所示的窗口。

② "查找"选项卡分高级和常规两种，在常规对话框中只有"查找内容"一个选项，而高级对话框中还有"搜索"等选项。图 1.2.9 所示是一个高级对话框，单击对话框中"更多"或"更少"按钮，可以在两种状态间切换。

③ 在"查找"栏中，单击"格式"按钮，可以选择按"字体""段落""制表位"等格式查找，即不但要字符匹配，而且格式也要匹配。

④ 设置好查找内容后，每单击一次"查找下一处"按钮，便可依次找到下一个符合查找条件的字符，直到搜索完所选范围为止。

（2）查找与替换文本

【步骤】

① 单击"开始"选项卡中的"替换"命令，或单击图 1.2.9 中的"替换"选项卡，弹出如图 1.2.10 所示的"替换"选项卡。

② 在"替换为"栏中输入要替换的字符，然后单击"查找下一处"按钮，找到后，如果需要替换就单击"替换"按钮；否则可以继续单击"查找下一处"

按钮，直到找到最后一个符合要求的字符为止。

③ 如果用户确定要替换所有符合查找条件的字符，就可以直接单击"全部替换"按钮。最后屏幕会弹出一个窗口，显示所替换的数量。

图 1.2.9 "查找"选项卡

图 1.2.10 "替换"选项卡

3. 文本块的基本操作

（1）用鼠标选定文本块

【步骤】

① 将光标定位到文本块的第一个字符处，按下鼠标左键不松手，拖动光标到文本块的最后一个字符处，此时被选中的文本块呈反白显示，如图 1.2.11 所示。

微视频 2-1：
文字的选定

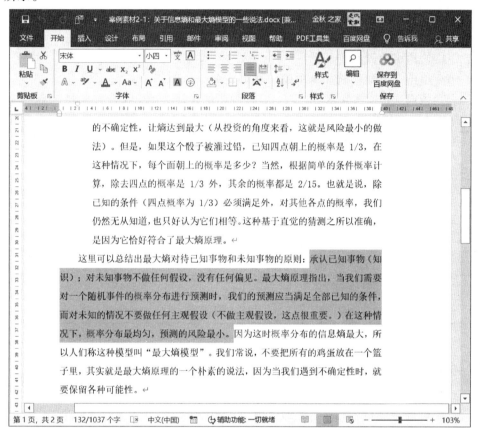

图 1.2.11　选中的文本块反白显示

② 将光标移到文档左边的空白处时，光标箭头就变成了指向右上方的空心箭头，这就是选中选择条的标志。单击鼠标左键，选定箭头指向的一行。

【小技巧】另外还有一些其他的选定方法，如在文档左侧空白处单击鼠标左键不放，上下拖动可以选定多行文本块。双击鼠标左键，或在段落中三击左键，则选定箭头指向的一段。双击鼠标左键不放，上下拖动可以选定多段文本块。三击鼠标左键或按 Ctrl+A 组合键，或执行"开始"选项卡中的"选择"命令，可以选定整个文档。选定一个英文单词或数字可双击该单词或数字，双击汉字则会选定一个中文词汇。选定一个句子，可以按住 Ctrl 键，同时在该句的任何地方单击，即可选定该句。选定一大块文字，先单击将光标定位在要选定文本块的第一个字符前，然后将鼠标指针移到所要选定的文本块的最后一个字符后，按住 Shift 键，并单击鼠标左键，此文本块即被选定。选定一个矩形范围的文本块，可按住 Alt 键的同时拖动鼠标，即可选定一个矩形文本块。

（2）用键盘选定文本块

按照表 1.2.1 中列出的内容进行操作。

（3）文本块的复制

复制文本块可以用以下 3 种方法之一：

① 使用组合键 Ctrl+C。

② 单击"开始"选项卡中的"复制"命令。

③ 指向选定文本块区域，右击，在弹出的快捷菜单中执行"复制"命令。

表 1.2.1　键盘选定操作方法

选 定 内 容	操 作 方 法
左侧的一个字符	Shift+左方向键
右侧的一个字符	Shift+右方向键
前一行字符	Shift+上方向键
后一行字符	Shift+下方向键
到一行行首	Shift+Home
到一行行尾	Shift+End
整篇文档	Ctrl+ A

（4）文本块的剪切

按照以下 3 种方法之一进行文本块剪切操作：

① 使用组合键 Ctrl+X。

② 单击"开始"选项卡中的"剪切"命令。

③ 指向选定文本块区域，右击，在弹出的快捷菜单中执行"剪切"命令。

（5）粘贴文本块

先移动光标到需要粘贴文本块的位置，然后通过以下 3 方法之一粘贴文本块：

① 使用组合键 Ctrl+V。

② 单击"开始"选项卡中的"粘贴"命令。

③ 在光标处右击，在弹出的快捷菜单中执行"粘贴"命令。

（6）文本块的删除

先选中要删除的文本块，然后使用键盘上的 Delete 键删除该文本块。

4. 插入项目符号/编号和特殊字符

（1）插入项目符号

【步骤】

① 选定需要添加项目符号的段落。

② 单击"开始"选项卡中的"项目符号"右侧的倒三角按钮，出现如图 1.2.12 所示的窗口，选择其中一种符号样式，就可以给选中的段落加上对应样式的项目符号。

③ 自定义项目符号样式，在图 1.2.12 所示的窗口中单击"定义新项目符号"命令，弹出如图 1.2.13 所示对话框。

图 1.2.12 "项目符号库"窗口　　　图 1.2.13 "定义新项目符号"对话框

④ 在"项目符号字符"栏中可以选择某个符号字符。单击"字体"按钮，在显示的"字体"对话框中选择字形和设置字体的格式。

⑤ 选择图片作为项目符号，在图 1.2.13 中单击"图片"按钮，在弹出的"插入图片"对话框中选择一种合适的图片插入。

（2）插入编号

【步骤】

① 单击"开始"选项卡中的"编号"右侧的倒三角按钮，出现如图 1.2.14 所示的窗口，选中一种编号形式，单击就可以添加编号。

② 在图 1.2.14 中单击"定义新编号格式"命令，显示如图 1.2.15 所示对话框。

③ 在"编号格式"栏的编辑框中可以键入任意字符（编号字符不可以输入，必须在"编号样式"中选择），并通过单击"字体"按钮，在显示的"字体"对话框中选择字形和设置字体的各种格式。

④ 在"编号样式"栏中，单击右侧倒三角按钮，在下拉列表框中选择某种编号形式。

⑤ 在"对齐方式"栏中，在下方的下拉列表框中选择一种对齐格式。

（3）插入符号／特殊字符

图 1.2.14 "编号库"对话框

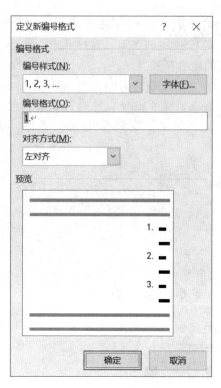

图 1.2.15 "定义新编号格式"对话框

【步骤】

① 定位编辑位置后，单击"插入"选项卡中的"符号"按钮，弹出如图 1.2.16 所示对话框。

图 1.2.16 "符号"对话框

② 在"字体"下拉列表框中，可以选择某种类型的符号集，并且在下面的显示框中显示所有符号，用户可以在其中选择某个符号。单击"插入"按钮或者直接双击这个符号，就可以把它插入文档中光标所在处。

③ 选择"特殊字符"选项卡，如对话框图 1.2.17 所示，用户可以选择其中的特殊字符，插入文档中。

图 1.2.17 "特殊字符"选项卡

5. 撤销与恢复编辑操作

【步骤】

① 单击快速工具栏上"撤销"右侧的倒三角按钮，弹出图 1.2.18 所示的列表框，从中选择需要撤销的操作。

② 或者一次一次地单击撤销按钮，一直恢复到需要的状态。另外，还可以使用组合键 Ctrl+Z 来撤销误操作。

③ 如果要取消所做的撤销操作，可以单击工具栏上的"恢复"按钮，或使用组合键 Ctrl+Y。

6. 页面设置

（1）纸张大小和方向的设置

【步骤】

① 在"页面设置"对话框中选择"纸张"选项卡，如图 1.2.19 所示。

② 在"纸张大小"栏中，可以选择纸张型号或选择"自定义大小"。

③ 在"宽度""高度"框中将自动显示所选纸张的大小，也可以根据需要输入纸张的宽度和高度。

④ 在"纸张来源"选项区根据实际情况进行纸张来源的设置。

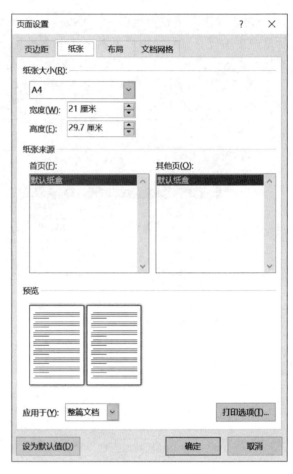

图 1.2.18 "撤销"列表框   图 1.2.19 "纸张"选项卡

⑤ 在"应用于"下拉列表框中可以选择这些格式设置是应用于什么范围。

⑥ 在"预览"栏中浏览设置效果。

（2）页边距的设置

【步骤】

① 在"页面设置"对话框中选择"页边距"选项卡，如图 1.2.20 所示。

② 在"上""下""左""右"框中分别设置正文与纸张边缘的间距。

③ 在"装订线"栏中，设置装订线与纸张边缘的间距。

④ 在"装订线位置"栏中选择是装订在"顶端"还是"靠左"。

⑤ 在"纸张方向"栏中可以选择纸张是"横向"还是"纵向"设置。

⑥ 在"应用于"下拉列表框中可以选择这些格式设置是应用于什么范围。

⑦ 在"预览"栏中可预览设置效果。

（3）设置页面中的行数、列数以及文字方向

图片资源 2-1：
Word 页边距设置效果图

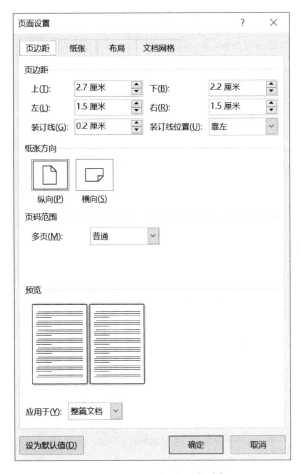

图 1.2.20 "页边距"选项卡

【步骤】

① 在"页面设置"对话框中选择"文档网格"选项卡，如图 1.2.21 所示。

② 在这个对话框中，可以选择"无网格""只指定行网格""指定行和字符网格"或"文字对齐字符网格"单选项。

③ 在下面的编辑栏中，相应位置设置"每行"及"间距""每页"及"间距""栏数"的具体数值。

④ 单击"绘图网格"按钮，可以在弹出的"绘图网格"对话框中设置网格格式。

⑤ 在"文字排列"栏中可以选择整篇文档的文字方向是"水平"还是"垂直"。

⑥"应用于"和"预览"栏作用同上。

（4）版式设置

【步骤】

① 在"页面设置"对话框中选择"布局"选项卡，如图 1.2.22 所示。

图片资源 2-2：
Word 页面设置效果图

图 1.2.21 "文档网格"选项卡

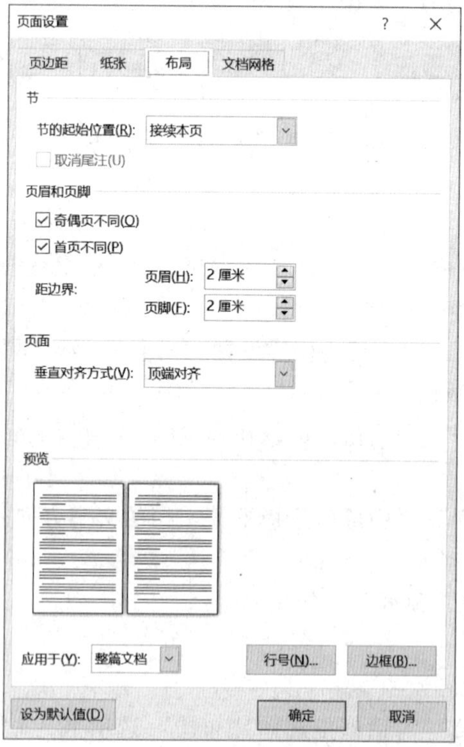

图 1.2.22 "布局"选项卡

② 在"节的起始位置"栏中，确定节的开始位置。

③ 在"页眉和页脚"栏中，可选择"奇偶页不同"或"首页不同"复选项。

④ 在"垂直对齐方式"栏中，可选择正文文字在页面中的垂直位置是"顶端对齐""居中""两端对齐"或"底端对齐"。

⑤ 单击"行号"按钮，可以在弹出的"行号"对话框中设置行号格式。

⑥ 单击"边框"按钮，可以在弹出的"边框和底纹"对话框中的"页面边框"选项卡中设置页面边框格式。

⑦ "预览"和"应用于"栏作用同上。

（5）分隔符的插入

【步骤】

① 单击"页面布局"选项卡中的"分隔符"右侧的倒三角按钮。

② 在弹出图 1.2.23 所示的"分隔符"下拉列表框中选择需插入分隔符或分节符的类型。

（6）页眉、页脚和页码的设置

图 1.2.23 "分隔符"
下拉列表框

【步骤】

① 单击"插入"选项卡中的"页眉"和"页脚"按钮，进入编辑页眉或页脚的状态，出现"页眉和页脚工具页眉和页脚"选项卡，如图 1.2.24 所示。

图 1.2.24 "页眉和页脚工具页眉和页脚"选项卡

② 单击该功能区的按钮依次进行相应的插入操作。

③ 按照以下步骤进行页码的插入操作。

a. 单击"页眉和页脚"功能区中的"页码"按钮，在弹出的图 1.2.25 所示的"页码"下拉列表框中进行设置。

b. 单击该下拉列表框中的"设置页码格式"选项，在弹出的图 1.2.26 所示的"页码格式"对话框中进一步对插入页码的格式进行设置。

7. 字体设置

（1）字号的设置

【步骤】

① 选中要设置的文本块，然后单击"开始"选项卡中的"字号"列表框，

选择适当的字号。

② 也可以使用键盘快捷键 Ctrl+Shift+<或 Ctrl+Shift+>来增大或减小字号。

③ 或直接在字号框中键入所需字号。

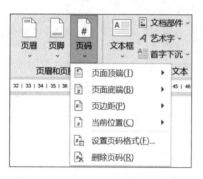

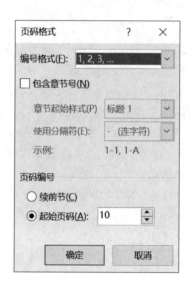

图 1.2.25 "页码"下拉列表框　　图 1.2.26 "页码格式"对话框

（2）字体的设置

【步骤】

① 选中要设置字符格式的文字。

② 单击"开始"选项卡中的"字体"列表框，选择一种字体。

（3）字形效果的设置

【步骤】

① 粗体字形：先选定文字，然后单击"开始"选项卡中的"加粗"按钮，或按 Ctrl+B 键。

② 下画线：先选定文字，然后单击"开始"选项卡中的"下画线"按钮，或按 Ctrl+U 键。

③ 斜体字形：先选定文字，然后单击"开始"选项卡中的"斜体"按钮，或按 Ctrl+I 键。

④ 字体颜色：先选定文字，然后单击"开始"选项卡中的"字体颜色"按钮，可选择字体颜色。

（4）设置字体格式

【步骤】

① 单击"开始"选项卡中的"字体"扩展按钮，弹出如图 1.2.27 所示的"字体"对话框。

② 在这个对话框中选择"字体"选项卡，进行字体颜色、删除线、上/下标、着重号、小型大写字母和全部大写字母的设置操作。

【小技巧】 在"字体"对话框选择某个选项，可立即在对话框下方的预览区看到它的效果。

图 1.2.27 "字体"对话框

（5）设置字符间距

【步骤】

① 选择"字体"对话框中的"高级"选项卡，如图 1.2.28 所示。

【小技巧】 在此对话框中用户可以调节字符的缩放比例，虽然它可以改变字符的大小，但和改变字号不同，它只缩放文字水平方向的大小。

② 在"缩放"下拉列表框中可以选择字符横向缩放的百分比。

③ 在"间距"下拉列表框中，可以设置字符之间的字间距"加宽"还是"紧缩"，后面的"磅值"可填入具体的数值大小。

④ 在"位置"栏中，可以选择是否将字符"提升"或"降低"；在后面的"磅值"栏中可以填入具体数值，其中"标准"为居中显示。

⑤ 如果选中"为字体调整字间距"复选框，可以自动调节字间距或某些字符组合间的距离，以使整个单词看上去分布更为均匀。

⑥ 选中"如果定义了文档网格，则对齐到网格"复选框，设置每行字符数，使其与"文件"菜单的"页面设置"对话框中设置的字符数一致。

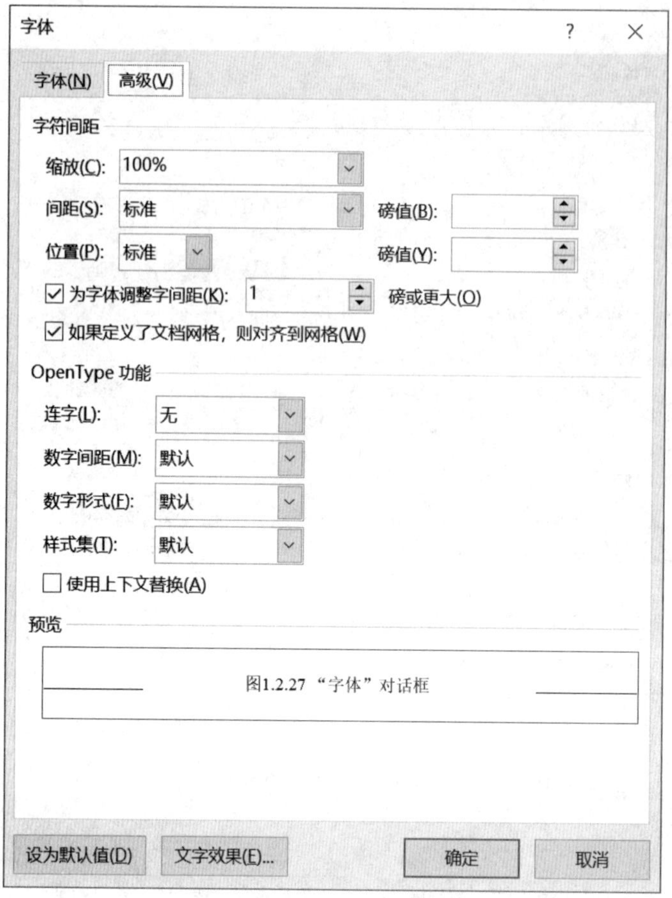

图 1.2.28 "高级"选项卡

（6）设置字符的文字效果

【步骤】

① 单击"开始"选项卡中的"文字效果"按钮或在"字体"对话框下方单击"文字效果"按钮，弹出"设置文本效果格式"对话框，如图 1.2.29 所示。

② 在该对话框中，可以设置"文本填充""文本边框""轮廓样式""阴影""映像""发光"等多种显示效果。

（7）首字下沉的设置

【步骤】

① 单击"插入"选项卡中的"首字下沉"按钮，选择"首字下沉"选项，显示如图 1.2.30 所示的对话框。

② 在"位置"栏中选择正常位置、"下沉"或者"悬挂"格式。选择后两项，可以在"字体"下拉列表框中选择首字字体。

③ 在"下沉行数"框中，可以输入首字放大后所占据的行数。

④ 在"距正文"框中，可以输入首字距离正文的间距值，单位是厘米。

图 1.2.29 "设置文本效果格式"对话框

图 1.2.30 "首字下沉"对话框

（8）文字方向的设置

【步骤】

① 选定设置文字方向的对象后，单击"布局"选项卡中的"文字方向"按钮，选择"文字方向"选项，将显示如图 1.2.31 所示的对话框。

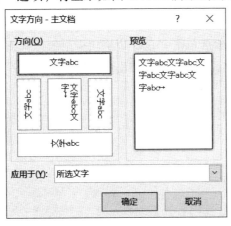

图 1.2.31 "文字方向—主文档"对话框

② 在"方向"栏中，可以选择文档字符的排列方式。

（9）为文字添加底纹

【步骤】

① 先选定段落，然后单击"设计"选项卡中的"页面边框"按钮，弹出图 1.2.32 所示的"边框和底纹"对话框，选择"底纹"选项卡，并对各选项进行设置。

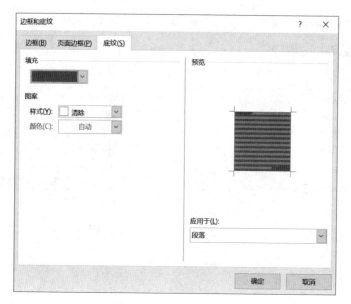

图 1.2.32　"底纹"选项卡

② 在"填充"栏中选择某种填充颜色。

③ 在图案区的"样式"下拉列表框中可以选择填充的浓度和填充的图案。在"颜色"下拉列表框中可以选择"样式"的颜色。

④ 在"应用范围"列表框中可以选择应用的范围。

（10）为文字添加边框

【步骤】

① 先选定段落，然后单击"设计"选项卡中的"页面边框"按钮，在弹出的对话框中选择"边框"选项卡，如图 1.2.33 所示。

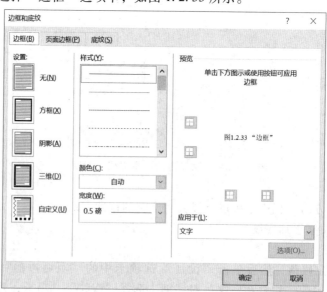

图 1.2.33　"边框"选项卡

② 在该对话框中可以根据文档的需要设置样式、颜色、宽度及选择应用范围。

③ 要为整个页面添加边框，可在图 1.2.33 中选择"页面边框"选项卡，在该对话框中还可以设置页面边框的艺术型，在"应用范围"中选择应用于整个文档还是某个小节。

（11）拼音指南的设置

【步骤】

① 选定要加拼音的文字，单击"开始"选项卡中的"拼音指南"按钮，显示图 1.2.34 所示对话框。

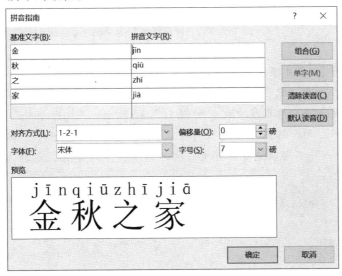

图 1.2.34 "拼音指南"对话框

② 对话框中"基准文字"为选定的文字，可以是单字或组合，"拼音文字"处输入对应读音。

③ 根据需要，选择拼音的对齐方式、拼音字体和字号。

（12）带圈字符的设置

【步骤】 选定要加圈的一个字符，单击"开始"选项卡中的"带圈字符"按钮，显示图 1.2.35 所示对话框。用户可以在该对话框中选择不同的样式和圈号。

（13）纵横混排的设置

【步骤】 选定字符，单击"开始"选项卡中的"段落—中文版式"按钮，选择"纵横混排"命令，弹出图 1.2.36 所示对话框，选中对话框中的"适应行宽"复选框，表示将所选文字的宽度

图 1.2.35 "带圈字符"对话框

压缩为行高的尺寸，当选定的字符较多时，一般不选择该复选框。

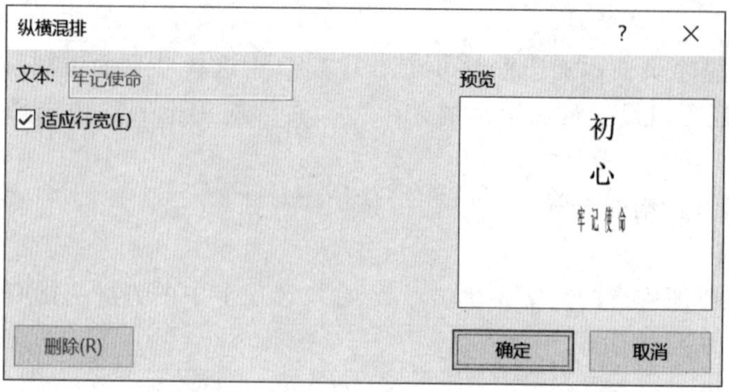

图 1.2.36 "纵横混排"对话框

【小技巧】 合并字符和双行合一："合并字符"将选定的字符（最多 6 个字符）合并在一起，默认情况下合并后的宽度同一个汉字等宽，也可以改变字号和字体，使合并后的宽度变化。如图 1.2.37 所示。"双行合一"将选定的文字分两行显示，两行的高度与原一行等高，效果与"合并字符"相似，区别在于："双行合一"不可改变字体字号，可以增加括号，如图 1.2.38 所示。

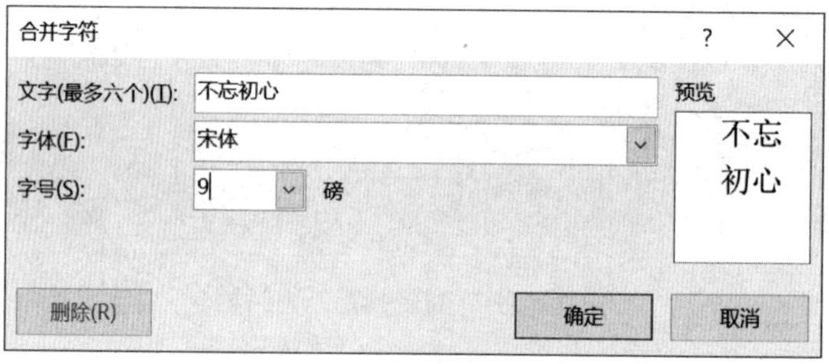

图 1.2.37 "合并字符"对话框

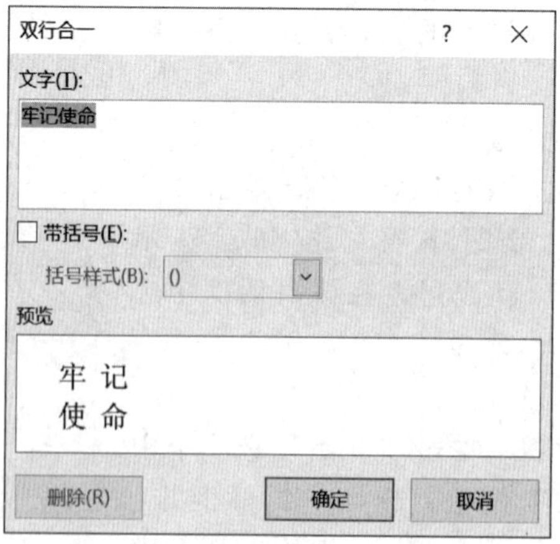

图 1.2.38 "双行合一"对话框

8. 段落设置

（1）段落对齐方式的设置

【**步骤**】 两种设置方式

① 单击"开始"选项卡中的"两端对齐""居中""右对齐"和"分散对齐"按钮，可以分别设置段落的这些对齐方式，单击"行和段落间距"按钮可以设置相应的段落间距。

② 单击"开始"选项卡中的"段落"扩展按钮，将打开图 1.2.39 所示的对话框，选择"缩进和间距"选项卡。

图 1.2.39 "缩进和间距"选项卡

③ 在"缩进"栏中，设置段落的"左侧""右侧"缩进量。

④ 在"特殊格式"下拉列表框中，选择"首行缩进"（选定段落第一行的起始位置）或"悬挂缩进"（选定段落除第一行外其他各行的起始位置）格式，并且可以在后面的"缩进值"框中设置段落首行缩进或突出的距离。

⑤ 在"间距"栏中的"段前""段后"框中，分别设置该段距离前一段和后一段的间距。

⑥ 在"行距"下拉列表框中，可选择"单倍行距""1.5 倍行距""2 倍行距""最小值""固定值"或"多倍行距"，并且可以在后面的"设置值"框中输入具体的行距数值。

⑦ 在"大纲级别"下拉列表框中，可以选择段落的大纲级别。

⑧ 在"对齐方式"下拉列表框中，可以选择"左对齐""右对齐""居中""两端对齐"或"分散对齐"等段落对齐格式。

⑨ 在"预览"栏中，查看设置的段落格式情况。

（2）换行与分页的设置

【步骤】

① 在图 1.2.39 中选择"换行和分页"选项卡，如图 1.2.40 所示；

图 1.2.40 "换行和分页"选项卡

② 选择"孤行控制"项，可以避免上一段的末行显示在下一页的顶端或下一段的首行显示在上一页的底端。

③ 选择"与下段同页"项，设置选中的段落与下一段同页。

④ 选择"段中不分页"项，防止选中段落中出现分页符。

⑤ 选择"段前分页"项，在选中的段落前插入一个分页符。

⑥ 选择"取消行号"项，取消页面设置时对选中行的编号。

⑦ 选择"取消断字"项，避免选中段落自动断字。

（3）中文版式段落的设置

【步骤】

① 在图 1.2.40 中选择"中文版式"选项卡，弹出图 1.2.41 所示的对话框。

② 选择"按中文习惯控制首尾字符"项，使用中文的版式和换行规则，确定页面上各行的首尾字符。

图 1.2.41 "中文版式"选项卡

③ 选择"允许标点溢出边界"项，允许标点符号比段落中其他行的边界超出一个字符。如果不使用该选项，则所有的行和标点符号都必须严格对齐。

④ 选择"允许西文在单词中间换行"项，允许在西文单词的中间换行。

⑤ 在"字符间距"栏，选择"允许行首标点压缩""自动调整中文与数字的间距"和"自动调整中文与西文的间距"项。

⑥ 在"文本对齐方式"下拉列表框中，选择"顶端对齐""中间对齐""基线对齐""底端对齐"或者"自动"等字体的垂直对齐方式。

（4）标尺的使用

【步骤】

① 选中"视图"选项卡中的"标尺"选项，可以在文档窗口显示水平和垂直标尺。

② 利用标尺上的各种符号，设置文档的上下左右页边距、段落的左右缩进、首行缩进和悬挂缩进以及表格的宽度与高度等格式。水平标尺上的符号如图 1.2.42 所示。

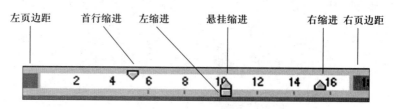

图 1.2.42　水平标尺

图片资源 2-3：
Word 分栏排版
效果图

（5）多栏排版的设置

【步骤】 进行以下两种不同分栏操作

① 在"布局"选项卡中单击"栏—更多栏"命令，选择要分的栏数，用这种方法分成的各栏是等宽度的。

② 在"分栏"列表中选择"更多分栏"命令，弹出图 1.2.43 所示的对话框。

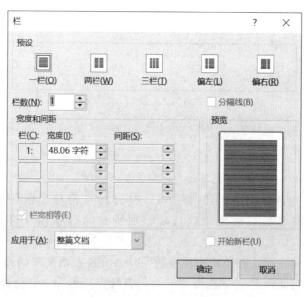

图 1.2.43　"栏"对话框

③ 在"预设"中选择分栏的样式。

④ 在"栏数"编辑框中输入分栏的数量。

⑤ 选中"分隔线"复选框，在栏间加一条分隔线。

⑥ 在"宽度和间距"处设置栏的宽度和栏间距。

⑦ 选中"栏宽相等"复选框分为等宽的栏。

⑧ 在"应用于"下拉列表框中选择应用的范围。

9. 格式刷的使用

【步骤】

① 选定要复制其格式的文本块或段落，然后单击"开始"选项卡中的"格式刷"按钮。这时候鼠标指针前带有一个刷子。

② 用鼠标左键选中要应用这种格式的段落，最后释放鼠标左键。但使用这种方法每次只能将格式复制到一个位置。

【小技巧】 如果需要将选定格式复制到不同位置，可双击"格式刷"按钮，这样每次选定一种格式就可以执行多次格式复制，所有格式复制完成后再单击一次此按钮即可使鼠标指针恢复原状。

实验三 制作表格

一、实验目的

1. 掌握表格的创建与绘制、表格的选定与编辑方法；

2. 掌握表格中字体和段落的设置、表格的边框和底纹设置的方法；

3. 掌握表格与文字的相互转换、表格外文本的对齐方式设置的方法；

4. 掌握表格内容的计算和排序方法。

二、实验要点

1. 创建表格；

2. 输入表格内容；

3. 绘制表格；

4. 选定与编辑表格；

5. 表格中字体和段落的设置；

6. 表格的边框和底纹设置；

7. 表格与文字相互转换；

8. 表格外文本对齐方式的设置；

9. 表格内容的计算和排序。

三、实验内容

1. 创建表格

【步骤】 有以下两种创建表格方法

① 把光标定位到要创建表格的地方，然后单击"插入"选项卡中的"表格"按钮，单击鼠标左键拖动鼠标选定所需的行、列数后释放鼠标，即可完成

创建，如图 1.2.44 所示。

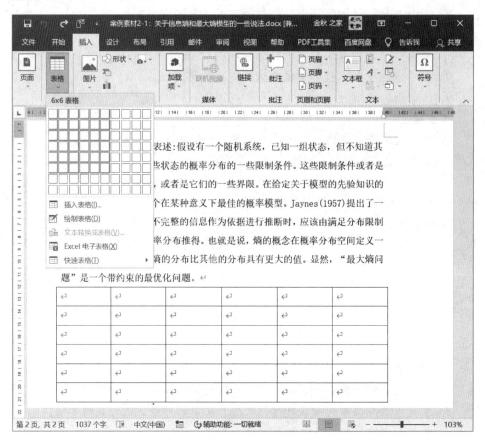

图 1.2.44　创建表格

② 移动光标定位到要创建表格的位置，执行"表格"列表中的"插入表格"命令，弹出图 1.2.45 所示的对话框，把所需要生成的表格的行数、列数填入对应栏内。

③ 在"'自动调整'操作"选项组中有 3 个单选按钮：选中"固定列宽"单选按钮用于输入或选择表格的列宽，其默认值为"自动"，它表示用文本区的总宽度除以列数作为每列的宽度；选中"根据内容调整表格"单选按钮将根据所键入文字的数量，自动调整表格中的列宽；选中"根据窗口调整表格"单选按钮可根据 Web 浏览器窗口的大小来自动调整表格大小。

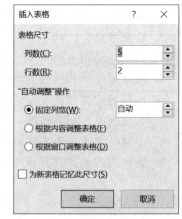

图 1.2.45　"插入表格"对话框

④ 在"设计"选项卡中选择表格要套用的"样式""边框""底纹"等。

⑤ 在"表格样式选项"中，用户可以选择"标题行""第一列""汇总行"或"最后一列"项，表示这些行列格式由用户自己定义。

2. 输入表格内容

【步骤】

① 移动鼠标到要输入内容的单元格，待鼠标指针变成"I"形后，单击该单元格。

② 在单元格中输入文字或数据，每输入完一格，用方向键或 Tab 键将光标移到下一个单元格中，或者用鼠标单击某一单元格来移动光标。

③ 如果输入的文字超过了列宽，Word 2016 将自动调整尺寸以容纳这些文字。

④ 在表格中输入内容时，若按回车键，则在同一单元格中开始一个新的段落。

3. 绘制表格

【步骤】 使用"绘制表格"功能，制作较复杂表格。

① 单击"表格"→"绘制表格"按钮，此时鼠标指针变为笔形。用户可以先确定表格的外围边框，即从表格的一角拖动到它的对角位置，然后再画各行及各列，用水平线、垂直线和斜线来填充表格。

② 如果出现了画错的线条，使用"设计"选项卡中的"擦除"按钮来修改，当鼠标指针变成橡皮形状时，拖动鼠标选中要擦除的范围（被选中的框线为高亮度显示），然后释放鼠标，即可完成擦除操作。在绘图状态下想直接切换到"擦除"状态，可以按 Shift 键使指针立即变成橡皮形状。

4. 选定与编辑表格

（1）选定表格

【步骤】

① 选取一格：在单元格中的段落标记或文字左边，当鼠标指针变为 ⤢ 形时单击鼠标，这个单元格将反白显示，表示被选中。

② 选取一行：在某一行单元格的外边框左侧，当鼠标指针变为 ⤢ 形时单击鼠标，这行的单元格都将反白显示，表示被选中。

③ 选取一列：在某一列单元格的上边框上边，当鼠标指针变为 ⬇ 形时单击鼠标，这列的单元格都将反白显示，表示被选中。

④ 选取部分区域：如果要选取表格的部分矩形区域，只要按住鼠标左键从这部分区域的左上角单元格拖动到右下角单元格，则整个矩形区域都将反白显示，表示被选中。

【小技巧】 上面这种方法也可以用来选定一个、一行或一列单元格。

⑤ 选取整个表格：在"表格工具—布局"选项卡中选择"表—选择—选择表格"命令，则整个表格都将成反白显示，表示被选中。或者当鼠标指针位于表格中时，在表格的左上角出现 ✛ 符号，单击此符号，可以选中整个表格。

（2）调整表格的高度与宽度

【步骤】

① 用鼠标拖动标尺栏上的边框标记或者当鼠标指针指向框线变成双线双箭头标志后拖动框线。

【小技巧】 a. 直接用鼠标拖动,所拖框线前面一列变宽,后面一列将变窄,整个表格宽度不变。

b. 按住 Shift 键并拖动鼠标,则其他所有列的宽度不变,整个表格宽度更改。

c. 按住 Ctrl 键并拖动鼠标,则该列左侧各列宽度不变,右侧各列宽度均匀变窄,整个表格宽度不变。

d. 如果只对一个单元格的列宽进行调整,方法同上,应先选定这个单元格,但使不使用 Ctrl 键效果一样。

e. 调整行高只能对一行操作,不能只对单元格起作用,并且不必使用 Shift 和 Ctrl 键。

② 先选定单元格,然后在"表格工具—布局"选项卡中单击"表—属性"按钮,弹出图 1.2.46 所示的对话框,单击"行"选项卡或"列"选项卡,可分别对行高及列宽进行精确设置。

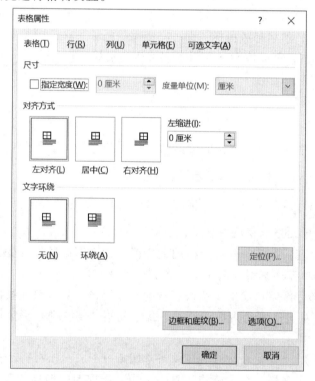

图 1.2.46 "表格属性"对话框

(3)单元格的插入与删除

【步骤】

① 选定要插入单元格的模板及位置,然后单击"布局"选项卡中的插入行

和列按钮，或单击"行和列"扩展按钮，弹出图 1.2.47 所示的对话框，在该对话框中进行选择。

② 选中要删除的单元格，右击，在快捷菜单中执行"删除单元格"命令，弹出图 1.2.48 所示的对话框，选择删除单元格的方式。除删除单元格外，还可以删除选定单元格所在的行或列。

图 1.2.47 "插入单元格"对话框　图 1.2.48 "删除单元格"对话框

【注意】 对于选定的单元格，按 Delete 键只删除其中的文本，而不能删除单元格。

（4）行和列的插入与删除

【步骤】

① 插入行：先选定要在某一行上面或下面插入的行（要增加几行就选定几行），然后单击"布局"选项卡中的"在上方插入"或"在下方插入"按钮。

② 插入列：先选定要在某一列左面或右面插入的列（要增加几列就选定几列），然后单击"布局"选项卡中的"在左侧插入"或"在右侧插入"按钮。

③ 行列的删除：选定要删除的行或列，然后单击"布局"选项卡中的"删除"按钮。

（5）单元格的拆分

【步骤】

① 选定要进行拆分的单元格。

② 然后单击"布局"选项卡中的"拆分单元格"按钮，弹出图 1.2.49 所示的对话框。

③ 在"列数"栏中填入要拆分成的列数；在"行数"栏中填入要拆分成的行数。

④ 如果未选定"拆分前合并单元格"复选框，则只能指定列数而不能指定行数；如果选定了，则可以指定行数，但有时候行数的指定也有一个范围。

（6）单元格合并

【步骤】

① 选定要进行合并的单元格。

② 然后单击"布局"选项卡中的"合并单元格"按钮即可。

图 1.2.49 "拆分单元格"对话框

（7）行列的均分

单击"布局"选项卡中的"分布行"按钮和"分布列"按钮可平均分布各行或各列。

（8）表格的移动和缩放

【小技巧】 在 Word 2016 中新增了表格移动标志" 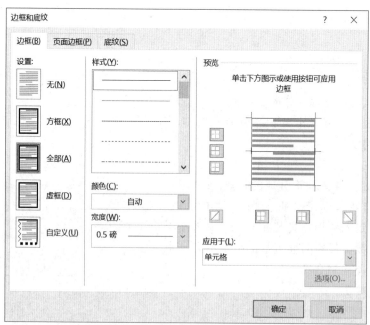 "与缩放标志"□"，它们会不时出现在表格外的左上角和右下角。当鼠标指标移到表格移动标志时，鼠标指针变成" ⬌ "，拖动鼠标可将表格移动到页面上的其他位置；当鼠标指针移到缩放标志时，鼠标指针变成左倾的单线双箭头形状，拖动鼠标可对表格进行缩放。

5. 表格中字体和段落的设置

【步骤】

① 设置字体：选中某个单元格中的文字后，可以利用"开始"选项卡中的"字体"组，设置字体的类型、大小、颜色、加粗、倾斜等。

② 设置段落：如果用户要设置文字在单元格中的对齐方式，可以利用"开始"选项卡中的"段落"组按钮设置文本在单元格中的对齐方式。

6. 表格的边框和底纹设置

（1）设置边框

【步骤】

① 选中要设置的单元格或表格，右击，在弹出来的快捷菜单中单击"表格属性—边框和底纹"命令，弹出图 1.2.50 所示的对话框，选择"边框"选项卡。

图 1.2.50 "边框"选项卡

② 在"设置"栏中选择格式。

③ 在"样式"栏中选择边框的样式。

④ 在"颜色"栏中选择边框的颜色。

⑤ 在"宽度"栏中选择边框的磅值。

⑥ 在"预览"栏中单击线条或单击它旁边的按钮来选择与取消边框的线条。

⑦ 在"应用于"栏中选择刚才进行的设置的使用范围。

（2）设置底纹

【步骤】

① 在图 1.2.50 所示对话框中选择"底纹"选项卡，打开图 1.2.51 所示对话框。

② 在"填充"栏中选择底纹颜色。

③ 在"图案"栏的"样式"下拉列表框中选择底纹样式，在"颜色"下拉列表框中选择图案的颜色。

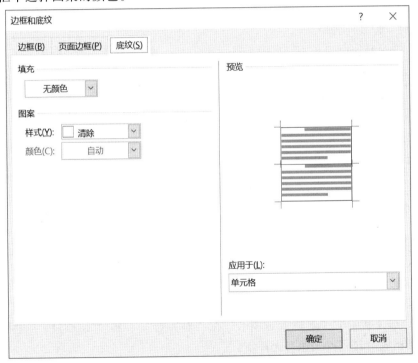

图 1.2.51 "底纹"选项卡

7. 表格与文字相互转换

（1）文字到表格的转换

【步骤】

① 选定要转换成表格的文字，其中应包含分隔符，如制表符或段落标记，以便 Word 能确定表格单元格的起始及终止位置。

② 单击"插入"选项卡中的"表格"按钮，在菜单中选择"文本转换成表

格"命令，弹出图 1.2.52 所示的对话框，如果系统检测到选定的内容中有制表符，就会给出默认的列数。

③ 要使用其他分隔符，可在"文字分隔位置"选项区中进行选择。

（2）表格到文字的转换

【步骤】

① 选定要转换成段落的行或表格。

② 单击"表格工具—布局"选项卡中的"转换为文本"按钮，弹出图 1.2.53 所示的对话框，在"文字分隔符"选项区中选择合适的符号。

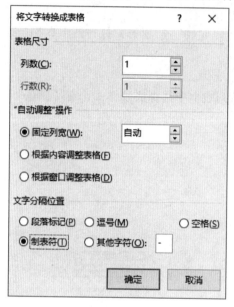

图 1.2.52 "将文字转换成表格"对话框

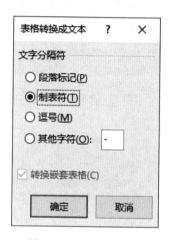

图 1.2.53 "表格转换成文字"对话框

8. 表格外文本对齐方式的设置

【步骤】

① 将光标定位在表格中，或选定整个表格，单击"布局"选项卡中的"属性"按钮，弹出图 1.2.46 所示对话框。

② 选择其中的"表格"选项卡，在"对齐方式"和"文字环绕"中根据需要选择相应的对齐方式和有无环绕。

③ 当选择"左对齐"和"无环绕"时，还可以在"左缩进"框中设置表格的左缩进量。

9. 表格内容的计算和排序

（1）使用公式进行计算

【步骤】

① 选定存放计算结果的一个空单元格，单击"布局"选项卡中的"公式"按钮，弹出图 1.2.54 所示的对话框。

②"公式"文本框是数字计算的公式区，该区域的内容由用户输入，操作

的命令来自"粘贴函数"栏,此文本框中的内容必须以"＝"开头。

③"编号格式"下拉列表框用于确定计算结果的数字表示方式,如数字是否带有小数点、小数点后有几位数字、是否带有货币符号等。

④"粘贴函数"下拉列表框提供计算函数列表,根据需要从中选择相应的计算函数,随着函数的选择,其内容自动填到"公式"栏中。

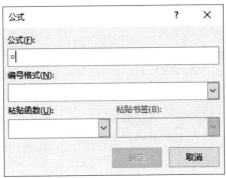

图 1.2.54 "公式"对话框

【注意】 对于多项重复的计算没有捷径,必须一个一个单元格计算。

(2)对表格内容排序

【步骤】

① 选择要排序的列(此时表格中不能有合并的单元格),单击"布局"选项卡中的"排序"按钮,显示图 1.2.55 所示的对话框。

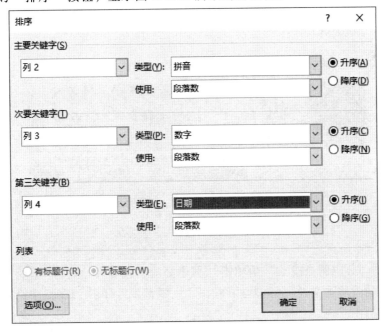

图 1.2.55 "排序"对话框

② 选择排序的优先次序和排序方式，实现对选定单列内容的排序。

实验四　插入图形与文本

一、实验目的
1. 掌握文档中插入图片的方法；
2. 掌握图片格式的设置方法；
3. 掌握文本框的插入与设置方法。

二、实验要点
1. 在 Word 文档中插入图片并设置格式；
2. 在 Word 文档中插入文本框并设置格式。

三、实验内容
1. 图片的插入
（1）插入剪贴画
【步骤】
① 单击"插入"选项卡中"插图组"中的"图片—联机图片"命令，弹出图 1.2.56 所示的窗口。

图 1.2.56　"联机图片"对话框

② 在"必应图像搜索"中单击"搜索必应"按钮。这时 Word 将自动联网搜索支持的剪贴画文件，用户也可以在"搜索范围"下拉列表框中指定一个搜索范围。

③ 完成搜索后，在"插入剪贴画"对话框中将显示系统已经搜索到的所有剪贴画的预览样式。

④ 在"插入剪贴画"对话框中单击要插入的剪贴画，即可把所选剪贴画插

入选定位置。也可以右击，从弹出的快捷菜单中选择"插入"命令把剪贴画插入选定位置。

【注意】 所选图片被当作文本插入文档的光标处后，该图片会有选中标记，即图片四周有小黑方块标记，只有对选中的图片，才可以进行编辑操作。

⑤ 鼠标指针指向图片，右击，在弹出的快捷菜单中执行"设置图片格式"命令，或选中图片后单击"格式"选项卡中的"图片样式"扩展按钮，会弹出图 1.2.57 所示的对话框，设置其格式。或者选择"图片工具—图片格式"选项卡，单击"图片样式"组中的"设置图片格式"命令，设置其格式。

图 1.2.57 "设置图片格式"对话框

⑥ 用鼠标单击一个插入的图片，该图片就被一个有 8 个控制手柄（小方块）的方框所环绕，当鼠标指向一个手柄时，指针就会变为双向箭头，拖动来改变图片的大小或比例。

⑦ 选定图片，鼠标指针变为指向左上方的空心箭头，可拖动来移动图片的位置。

⑧ 设置图片环绕格式，单击"图片工具—图片格式"选项卡中的"位置"按钮，选择"文字环绕"，打开图 1.2.58 所示对话框。

⑨ 在"环绕方式"栏中对各种格式分别进行选择。

（2）插入图像文件

【步骤】

① 单击"插入"选项卡中的"图片"按钮，弹出图 1.2.59 所示的对话框。

② 在文件夹和文件列表框中查找并选中要插入的图片文件，最后单击"插入"按钮。

（3）设置水印效果

图 1.2.58 "文字环绕"选项卡

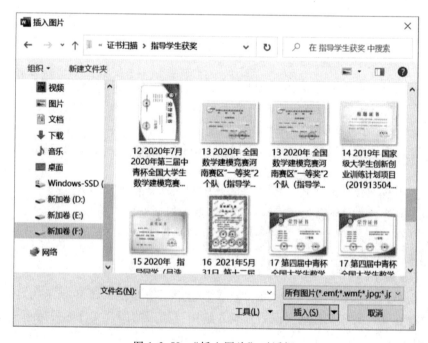

图 1.2.59 "插入图片"对话框

【步骤】

① 在文档的每页用文字制作水印。单击"页面布局"选项卡中的"水印"按钮，选择"自定义水印"命令，弹出图1.2.60所示的"水印"对话框，选择"文字水印"单选按钮，在"文字"菜单中选择水印的文字内容，也可自定义水印文字内容。设置好水印文字的字体、字号、颜色、透明度和版式后，单击"确定"按钮就可以看到在文档每页的固定位置均会显示出水印文字。

图片资源2-4：Word水印效果图

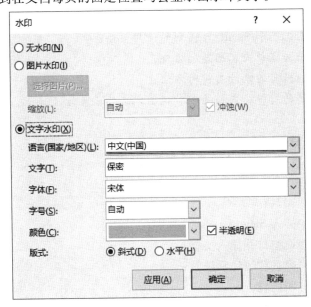

图 1.2.60 "水印"对话框

② 在"水印"对话框中选择"图片水印"单选按钮，然后找到要作为水印图案的图片。添加后，设置图片的缩放比例、是否冲蚀。冲蚀的作用是让添加的图片在文字后面降低透明度显示，以免影响文字的显示效果。

2. 文本框的操作

（1）把现有的内容纳入文本框

【步骤】

① 选定欲纳入文本框的所有内容。

② 单击"插入"选项卡中的"文本框"按钮，选择"绘制文本框"或"绘制竖排文本框"。

【注意】 若选择的内容是图片（包括艺术字、公式，但不能是自选图形），由于图形有浮动式和嵌入式两种状态，浮动式在图形层，无法被容纳在文本框中，必须转换成嵌入式。

（2）插入空文本框

【步骤】

① 单击"插入"选项卡中的"文本框"按钮，再从其子菜单中选择"绘制文本框"或"绘制竖排文本框"命令，鼠标指针变成"+"字形。

② 按住鼠标左键拖动到所需文本框的大小与形状之后再放开。这时光标已

定位到空文本框内，用户即可在文本框内输入内容。

实验五　Word 的其他功能

一、实验目的

1. 掌握艺术字的插入与编辑方法；
2. 掌握公式编辑器的使用方法；
3. 掌握绘图工具和 SmartArt 图形的使用方法；
4. 掌握桌面与窗口内容的复制方法；
5. 掌握文档内容的统计与校对方法；
6. 掌握文档的打印、文档的多种视图方式的设置方法。

二、实验要点

1. 在 Word 文档中插入艺术字并进行编辑；
2. 在 Word 文档中使用公式编辑器；
3. 使用绘图工具；
4. 在文档中插入 SmartArt 图形；
5. 复制桌面或窗口并插入文档；
6. 对文档内容进行统计和校对；
7. 文档的打印设置；
8. 设置文档的多种视图方式。

三、实验内容

1. 在 Word 文档中插入艺术字并进行编辑

【步骤】

① 单击"插入"选项卡中的"艺术字"按钮，弹出图 1.2.61 所示的对话框。

② 在这个对话框中选择一种样式后单击"确定"按钮，出现图 1.2.62 所示的艺术字。

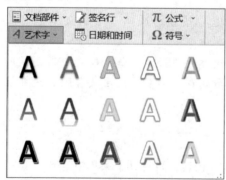

图 1.2.61　"艺术字"对话框

图 1.2.62　编辑"艺术字"

③ 删除原提示内容后输入要设置为艺术字的文字。

④ 单击"开始"选项卡中的"字体"组中按钮，选择艺术字的大小，设置字体样式。

⑤ 通过"绘图工具—形状格式"选项卡可以对艺术字进行更详细的设置，如图 1.2.63 所示。

⑥ 用户可以用鼠标像拖动图片一样把艺术字拖动到文档要插入艺术字的位置，并且在艺术字的周围也有 8 个小方块，可利用这 8 个小方块来改变艺术字的大小与比例。

图 1.2.63　"绘图工具—形状格式"选项卡

2. 在 Word 文档中使用公式编辑器

【步骤】

① 在需要插入公式的位置定位光标，单击"插入"选项卡中的"对象"按钮，弹出"对象"对话框，如图 1.2.64 所示。

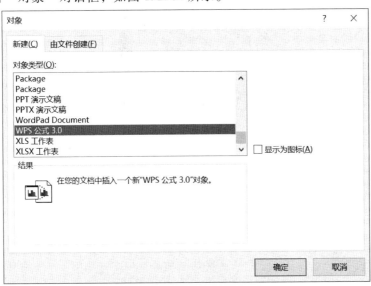

图 1.2.64　"对象"对话框

② 在"新建"选项卡的"对象类型"中选择"Microsoft 公式 3.0"，单击"确定"按钮；

③ 在弹出的"公式"工具栏的第一行中可以选择数学符号，如图 1.2.65 所示，在第二行中可以选择样板或框架符号和一个或多个相应的插槽，然后进行公式的编辑。

④ 公式编辑完成后，单击文档其他位置可以返回 Word 文档编辑状态，这时

公式以对象形式显示，不可编辑；如果需要对编辑好的公式进行修改，双击要修改的公式对象即可返回公式编辑状态。

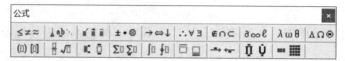

图 1.2.65 "公式"工具栏

3. 使用绘图工具

【步骤】

① 单击"插入"选项卡"插图"组中的"形状"按钮，弹出图 1.2.66 所示的窗口，利用绘图工具"格式"选项卡中的各个按钮来完成绘图操作，如图 1.2.67 所示。

图 1.2.66 "形状"命令

② 对同时选定的多个图形对象，单击"图片工具—图片格式"选项卡"排列"组中的"组合"命令，把几个对象组合成一个对象统一进行操作；"取消组

合"是"组合"操作的逆操作，把一个组合后的对象拆分成组合前的若干对象。

图 1.2.67 "图片工具—图片格式"选项卡

③"上移一层"或"下移一层"命令设置图形对象相互重叠的层次及与文档中文字的层次关系。

④ 方向箭头可将选定的图形对象向上、下、左或右移动。

⑤"对齐"命令将选定的几个图形对象左对齐、右对齐、顶端对齐、底端对齐、水平居中或垂直居中对齐，还可将这些图形横向或纵向平均分布；

⑥"旋转"命令将图形顺时针或逆时针旋转 90°、水平或垂直翻转及自由旋转。

⑦"位置"命令可以设置图形与文档文字的环绕方式。

4. 在文档中插入 SmartArt 图形

【步骤】

① 打开需要编辑的文档，将光标插入点定位在要插入 SmartArt 图形的位置，切换到"插入"选项卡，然后单击"插图"组中的"SmartArt"按钮，如图 1.2.68 所示。

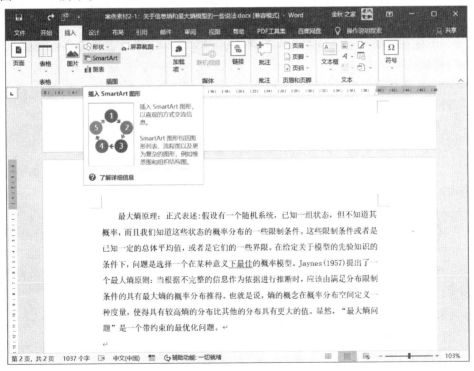

图 1.2.68 "SmartArt"按钮

② 弹出"选择 SmartArt 图形"对话框，如图 1.2.69 所示，在左侧列表框中选择图形类型，然后在右侧列表框中选择具体的图形布局，选择好后单击"确定"按钮。

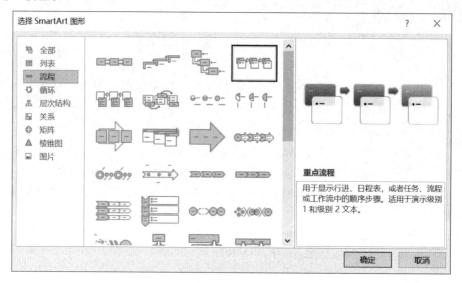

图 1.2.69 "选择 SmartArt 图形"对话框

③ 所选样式的 SmartArt 图形将插入文档中，选中该图形，其四周会出现控制点，将鼠标指针指向这些控制点，当鼠标指针呈双向箭头时施动鼠标可调整其大小。

④ 将光标插入点定位在某个形状内，"文本"字样的占位符将自动删除，此时可输入文本内容。

5. 复制桌面或窗口并插入文档

（1）复制桌面

【步骤】

① 将需要复制的桌面状态准备好后，按 Print Screen 键。

② 启动 Word，执行"粘贴"命令，当前位置就会插入一张刚才选定的整个桌面的图片。

（2）复制当前窗口

【步骤】

① 选定激活要复制的窗口，同时按 Alt+Print Screen 组合键。

② 启动 Word，执行"粘贴"命令，当前位置就会插入一张刚才选定的窗口的图片。

6. 对文档内容进行统计和校对

（1）字数统计

【步骤】

选定要统计字数的段落，单击"审阅"选项卡中的"字数统计"按钮，将显示图 1.2.70 所示的对话框，在这个对话框中可以看到页数、字数、字符数、段落数以及行数等信息。

图 1.2.70 "字数统计"对话框

（2）拼写与语法检查

【**步骤**】

① 单击"审阅"选项卡中的"拼写和语法"按钮，程序将自动对当前文档中的所有英文拼写和语法进行检查。

② 如果发现错误，将显示在图 1.2.71 所示的对话框中。

③ 单击"忽略一次"或"全部忽略"按钮则不进行更改。

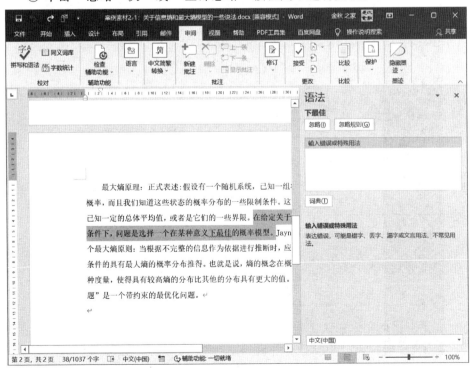

图 1.2.71 "拼写和语法"对话框

④ 单击"更改"按钮将按选定的建议单词进行更改。

⑤ 单击"全部更改"按钮把检测到的所有类似错误都进行更改。

⑥ 单击"自动更正"按钮，再检查到类似错误就会自动进行更改了。

（3）中文简繁转换

单击"审阅"选项卡中的"简繁转换"按钮，弹出图 1.2.72 所示的对话框，选择"转换方向"后单击"确定"按钮。

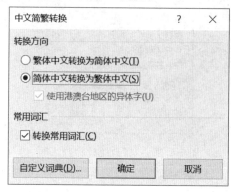

图 1.2.72 "中文简繁转换"对话框

7. 文档的打印设置

（1）打印预览

【步骤】

① 单击快速访问工具栏中的"打印预览"按钮，将弹出图 1.2.73 所示的打印预览窗口。

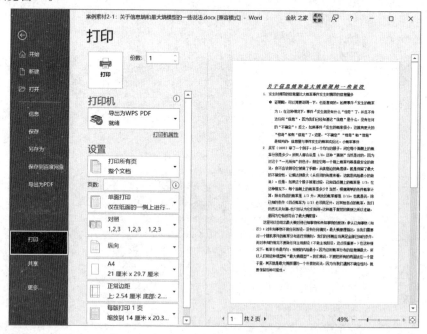

图 1.2.73 打印预览窗口

② 通过拖动窗格右下角的滑块，可以调整显示比例。

（2）打印设置

【步骤】

① 单击"文件"→"打印"命令，弹出图 1.2.73 所示的对话框。

② 在"打印机"栏中显示默认的打印机，在下拉列表框中选择系统中已安装的打印机。

③ 可以选择的打印范围包括所有页、当前页、自定义范围。比如要打印第 2 页、第 5 页及第 8 页到第 12 页，应该在"页数"框中输入"2，5，8-12"。

可以选择文档、文档属性、批注、样式、自动图文集词条、键分配等打印内容。

可以只打印奇数页或偶数页，默认情况下，奇偶页都打印。

④ 可以选择单面打印还是手动双面打印。

⑤ 在打印多份的情况下，选中"调整"选项，将按照先打印第一份文件，再打印第二份文件的顺序打印；否则，先把第一页都打印完，再把第二页都打印完，依此类推。

⑥ 可以选择纵向打印还是横向打印。

⑦ 可以选择纸张的类型或自定义纸张的大小。

⑧ 可以自定义页边距。

⑨ 在"每版打印×页"列表框中，可以选择 1，2，4，6，8，16 中的一个数作为在一页纸中打印的版面数。

8. 设置文档的多种视图方式

【步骤】

① 观察 Word 2016 编辑区右下角的 5 个按钮用来在几种常用的视图间切换，这 5 个按钮从左到右依次为：阅读视图、页面视图、Web 版式视图、大纲和草稿视图。

② 分别单击这 5 个按钮进行 5 种视图方式的设置并查看其区别。

③ 对于大纲视图下标题样式下面加上一条下画线，意味着它下面有折叠的子文本，每个标题左边显示一个符号（加号、减号和方框），单击这些符号观察其变化。

④ 要在大纲视图下查看文字及结果，可以双击标题旁边的符号来显示或隐藏文字。

⑤ 单击大纲工具栏上的"展开"或"折叠"按钮，如图 1.2.74 所示，按不同的详细程度查看文档结构。

图 1.2.74　大纲工具栏

1.3 "数据处理与统计分析"实验

实验一 工作簿和工作表的操作

一、实验目的

1. 了解 Excel 2016 的窗口组成、理解工作簿和工作表的概念；
2. 掌握工作簿和工作表的操作方法。

二、实验要点

1. 启动和退出 Excel 2016；
2. 操作工作簿，包括：新建、打开、保存和关闭；
3. 操作工作表，包括切换、选定、重命名、插入、删除、移动、复制等；
4. 选取单元格及单元格区域；
5. 输入数据；
6. 移动和复制单元格数据；
7. 设置单元格数据格式。

三、实验内容

1. 启动和退出 Excel 2016

【步骤】

① 启动 Excel 的方法与启动其他应用程序的方法相同，单击"开始"按钮，选择"所有程序"菜单，再选择"Microsoft Office"子菜单，在它的下一级子菜单中选择"Microsoft Excel 2016"，即可进入 Excel，其界面如图 1.3.1 所示。

② Excel 2016 程序的退出方法：单击标题栏右边的"关闭"按钮。

【注意】 Excel 中常用术语：① 工作簿；② 工作表；③ 行、列单元格；④ 单元格地址。

2. 操作工作簿

◇ 新建工作簿

【步骤】 依次进行以下创建操作。

① 启动 Excel，单击"新建"菜单，单击"空白工作簿"，则默认名为工作簿 1。

② 单击快速访问工具栏中的"新建"按钮，或者执行"文件"按钮下的"新建"命令，在出现的选项卡中，选择"空白工作簿"，单击"创建"按钮之后，就建立了一个空白的工作簿。

◇ 打开工作簿

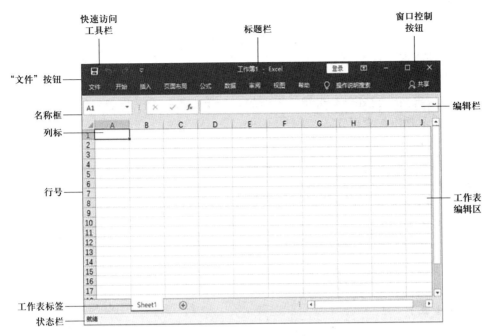

图 1.3.1 Excel 2016 的窗口

【步骤】

① 单击快速访问工具栏中的"打开"按钮，或者执行"文件"按钮下的"打开"命令。

② 在出现的"打开"对话框中，选定要打开的工作簿名称，双击即可。

◇ 保存工作簿

【步骤】

① 单击快速访问工具栏中的"保存"按钮，或者执行"文件"按钮下的"保存"命令。

② 在弹出的"另存为"对话框的"保存位置"中，选择文件保存的确切路径，在"文件名"框中输入文件名称，单击"保存"按钮即可。

◇ 关闭工作簿

【步骤】 进行以下两种关闭操作。

① 执行"文件"按钮下的"关闭"命令。

② 单击菜单栏上的"关闭窗口"按钮。

3. 操作工作表

◇ 切换工作表

【步骤】 进行以下两种切换操作。

① 单击工作表标签进行切换。

② 同时按下键盘上的 Ctrl+PageUp 键、Ctrl+PageDown 键，在不同工作表之间进行切换。

◇ 选定工作表

【步骤】

① 选定某一个工作表时，单击相应的工作表标签。

② 选定两个或多个相邻的工作表，先单击该组第一个工作表，然后按住 Shift 键，单击该组中最后一个工作表标签。

③ 选定两个或多个不相邻的工作表，先单击第一个工作表，然后按住 Ctrl 键，单击其他工作表标签。

◇ 重命名工作表

双击要重命名的工作表标签，当前名字即被选中，这时输入一个新名字，按回车键。

◇ 插入工作表

【步骤】

① 选定某一个工作表。

② 单击"插入工作表"按钮。

◇ 删除工作表

【步骤】

① 选定要删除的工作表。

② 单击"开始"选项卡中的"删除"命令组，在出现的列表中，单击"删除工作表"按钮。

◇ 移动工作表

【步骤】

① 选定要移动的工作表。

② 按住鼠标左键拖动，在拖动的过程中有一个黑三角随着移动，黑三角的位置即是工作表要移动到的新位置。

◇ 复制工作表

与移动工作表相似，不过在拖动时首先按住 Ctrl 键，选定的工作表被复制并插入新位置。

4. 选取单元格及单元格区域

◇ 选取相邻的单元格，一个矩形区域

【步骤】

① 用鼠标单击某个单元格，单元格四周即有一个黑框出现，表示已被选取。

② 选取相邻的单元格：选中一个单元格后，按住鼠标左键拖动，沿着对角线从该单元格到要选择区域的最后一个单元格，该区域即被选中，如图 1.3.2 所示。

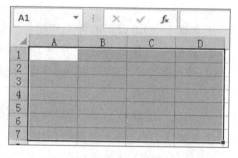

图 1.3.2 选取一个矩形区域图

◇ 选取不相邻的单元格，不相邻的矩形区域

【步骤】

① 选取不相邻的单元格：单击某一个单元格，按住 Ctrl 键，单击要选择的任意单元格。

② 选取不相邻的矩形区域：按住鼠标左键拖动，选中一个矩形区域，然后按住 Ctrl 键，再用鼠标拖动的方法选中不同的矩形区域，如图 1.3.3 所示。

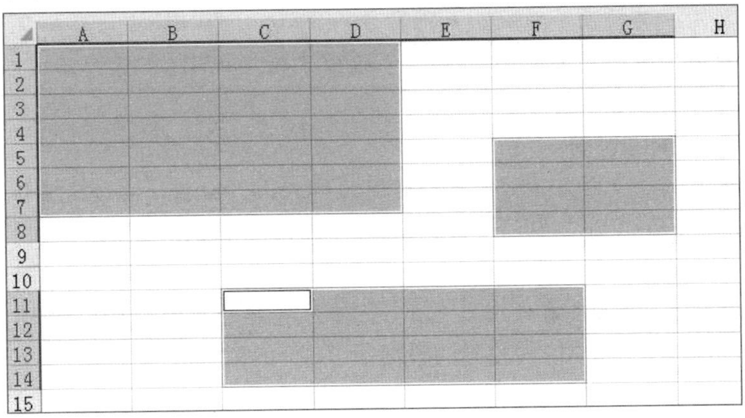

图 1.3.3　选取多个矩形区域

◇ 选取整行、整列、多行、多列

【步骤】

① 单击某一行号或某一列标，即可选定该行或该列。

② 选中连续的多行多列：在选取一行一列之后，按住鼠标左键在行号或列标区拖动。

③ 选中不连续的多行多列：按住 Ctrl 键依次单击对应的行列号即可。

④ 选定整张工作表中的单元格：单击第 1 行和第 A 列左上方的空白按钮。

5. 输入数据

◇ 单元格内实现输入、编辑数据

【步骤】

① 选定单元格后，按 F2 键，在单元格中编辑。

② 选定单元格后，用鼠标在编辑栏处单击，在编辑栏中编辑。

③ 选定单元格后，双击鼠标，在单元格中编辑。

④ 选定单元格后，直接输入数据，但此方法会自动删除单元格原有的数据。

【小技巧】　输入结束后按回车键、方向箭头或单击编辑栏中的"√"按钮可确定输入，按 Esc 键或单击编辑栏的"×"可取消输入。

◇ 输入文本

【小技巧】　如果要把一个数字作为文本保存，如邮政编码、产品代号等，只要在输入时加上一个英文状态下的单撇号即可，如'455000，其中单撇号并不在单元格中显示，只在编辑栏中显示，说明该数字是文本格式。

【注意】　输入文本时，如果文本长度超出了单元格的宽度，会出现两种情况：一种是当此单元格的右边为空单元格时，则超出的文本内容不会被截断；

二是当此单元格右边的单元格不为空时，则单元格中的文本内容会被截断，增加单元格的宽度即可完整显示，内容并不会丢失。

◇ 输入数值

【注意】 ① Excel 数值输入与数值显示未必相同，如果输入数据太长，Excel 自动以科学记数法表示，例如：输入 1234567890，表示为 1.2E+09，E 表示科学记数法，其前面为基数，后面为 10 的幂数。② Excel 计算时将以输入数值而不是以显示数值为准，但如果数字超出了精度 15 这个范围后，Excel 会将多余的数字转换为 0 参与计算。

◇ 输入日期和时间

【注意】 Excel 内置了一些日期时间的格式，当输入数据与这些格式相匹配时，Excel 将自动识别它们。一般的日期与时间的格式分别为"年 - 月 - 日""小时：分钟：秒"。

【小技巧】 输入当前日期用 Ctrl+；，输入当前时间用 Ctrl+Shift+；。

◇ 在多个单元格中输入相同的数据

【步骤】

① 选定要输入数据的多个单元格，然后输入数据，此时数据默认输入在最后一个区域左上角的单元格中。

② 输入结束后同时按下键盘上的 Ctrl+回车键，就可以在选定的区域内输入相同的数据。

◇ 数据自动输入

【步骤】

① 自动填充：先选定初始值所在的单元格，鼠标指针指向该单元格右下角的填充句柄（黑色小方块），鼠标指针变为实心十字形后拖动至填充的最后一个单元格，即可完成自动填充。

② 等差关系自动填充：先选中该区域，按住 Ctrl 键拖动句柄填充可自动输入其余的等差值。

◇ 产生一个序列

【步骤】

① 选定一个单元格，在单元格中输入初值。

② 单击"开始"选项卡中"编辑"组中的"填充"按钮，选择"序列"命令，弹出如图 1.3.4 所示的对话框。

③ 在"序列产生在"栏中选择"行"或"列"。

④ 在"类型"栏中选择序列类型，如果选择"日期"型的，还要选择"日期单位"。

⑤ 在"步长值"中输入等差、等比序列增减、相乘的数值。

⑥ 在"终止值"中输入一个序列终值不能超过的数值。

【注意】 如果在产生序列前没选定序列产生的区域，则序列的终值必须输入。

◇ 删除单元格内的数据

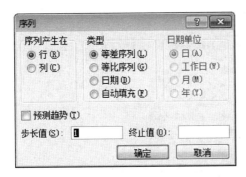

图 1.3.4 "序列"对话框

【步骤】

① 选定要删除内容的单元格，按下 Delete 键。

② 或者执行"开始"选项卡的"清除"中的"清除内容"命令。

【注意】 删除单元格内的数据，只是将单元格中的内容清除，而不是将单元格删除。

6. 移动和复制单元格数据

◇ 移动单元格数据

【步骤】

① 选定要移动数据所在的单元格。

② 将鼠标指向单元格右边框上，当鼠标指针变成斜向上指的箭头时，按住鼠标左键拖动单元格到目标位置后松开，选中单元格中的内容即被移动到一个新位置，原单元格内容被替换。

◇ 复制单元格数据

【步骤】

① 选定要复制数据所在的单元格。

② 将鼠标指向单元格的右边框上，当鼠标指针变成斜向上指的箭头时，先按住 Ctrl 键，然后按住鼠标左键拖动单元格到目标位置后松开，该单元格中的内容即被复制到一个新位置。

7. 设置单元格数据格式

【步骤】

① 选定单元格后，可以点击"开始"选项卡中"单元格"命令组中的"格式"命令，在弹出的列表中选择"设置单元格格式"。

② 弹出如图 1.3.5 所示的对话框，在对应选项卡中进行设置，操作方法请用户结合帮助按钮学习使用。

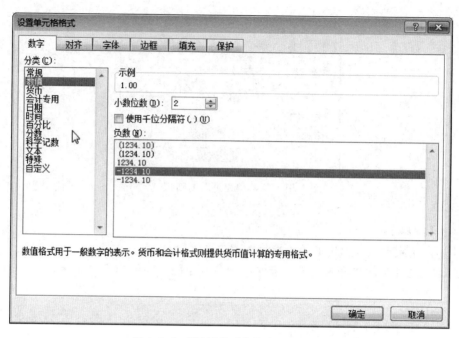

图 1.3.5 "设置单元格格式"对话框

实验二 工作表中的常用运算

一、实验目的

1. 了解 Excel 所能提供的各种运算；
2. 掌握自动求和运算、掌握各种公式的使用方法；
3. 掌握各种函数的使用方法、掌握数据排序的方法、掌握数据筛选的方法；

案例素材 3-1：
成绩

二、实验要点

1. 自动求和；
2. 使用公式；
3. 使用函数；
4. 数据排序；
5. 数据筛选。

三、实验内容

1. 自动求和

【步骤】

① 选中工作表中要求和的行或列中的相邻单元格，注意一定要包括用来放置结果的与数据区相邻的空白单元格，如图 1.3.6 所示。

② 单击"开始"功能区中"编辑"组中的自动求按钮"∑"，选中"求

和"命令，则系统自动完成求和操作，结果就在所选行或列的最后一个空单元格中显示出来，如图 1.3.7 所示。

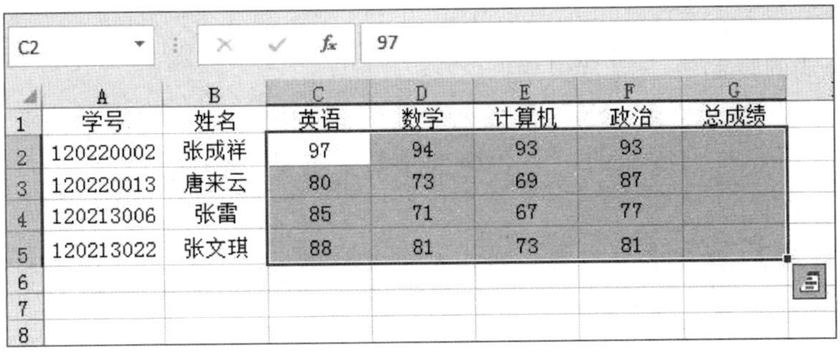

图 1.3.6 选定求和的行和列及放结果的单元格

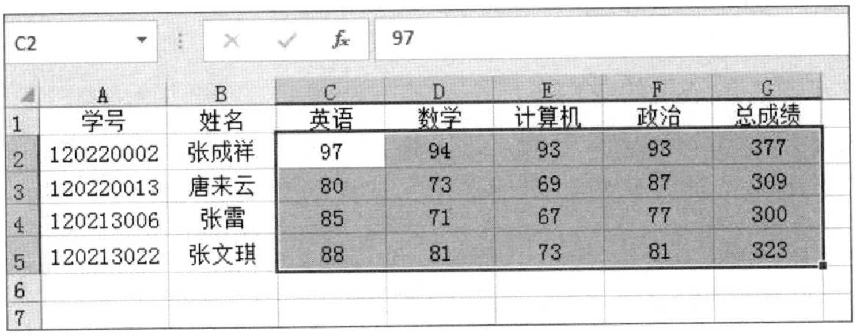

图 1.3.7 自动求和后的结果

2. 使用公式
◇ 公式的基本使用

【步骤】

① 选定要输入公式的单元格。

② 输入等号"＝"以激活编辑栏。

【注意】 在输入公式的过程中，使用运算符来分割公式中的各项，公式中不能包含空格，输入完成后按回车键。Excel 将公式存储在系统内部，显示在编辑栏中，而在包含该公式的单元格中显示计算结果。

◇ 公式的复制——相对引用

【注意】 Excel 中默认的单元格引用为相对引用。

【步骤】 如图 1.3.7 中，G2 单元格中的公式是函数 Sum（C2：F2），把该公式复制到 G3 单元格中就变为了 Sum（C3：F3），由于使用了相对地址，公式从 G2 复制到 G3，列不变，行数加 1，公式中的相对地址也列不变，行数加 1。

◇ 公式的复制——绝对引用

【步骤】

① 在行号与列号前均加上绝对地址符号"＄"，表示绝对引用。

② 在图 1.3.7 中，G2 单元格中的公式若是函数 Sum（＄C＄2：＄F＄2），把该公式复制到 G3 单元格中仍然为 Sum（＄C＄2：＄F＄2），公式虽然从 G2 复

制到了 G3，但绝对地址的行列不变。

【注意】 公式复制时，绝对引用的行号与列号将不随着公式位置变化而改变。

◇ 公式的复制——混合引用

【步骤】 单元格地址的行号或列号前不同时加"$"符号。当公式因为复制或插入而引起行列变化时，公式中的相对地址部分会随位置变化，而绝对地址部分仍不变。

【小技巧】 如果需要引用同一工作簿其他工作表中的单元格地址，则在该单元格地址前加上"工作表标签名！"。

3. 使用函数

【注意】 函数的基本格式为：Function（参数 1，参数 2，…），其中 Function 为函数名称。

【步骤】

① 选定要显示结果的空白单元格。

② 执行"公式"选项卡中的"插入函数"命令。

③ 在弹出的"插入函数"对话框中，选择函数的类型，在下方的选择函数框中就会显示出该类型所包含的函数名称，如图 1.3.8 所示。

图 1.3.8 "插入函数"对话框

④ 选择函数名，如计算平均值的函数 Average，确定之后弹出该函数窗口，如图 1.3.9 所示。

⑤ 在 Number 中分别输入要计算的单元格区域，如在 Number1 中输入"C2：F2"，即表示求从 C2 到 F2 的单元格区域的平均数。

⑥ 该函数窗口的下方即显示出计算结果，单击"确定"按钮，结果就显示在选中的单元格中。

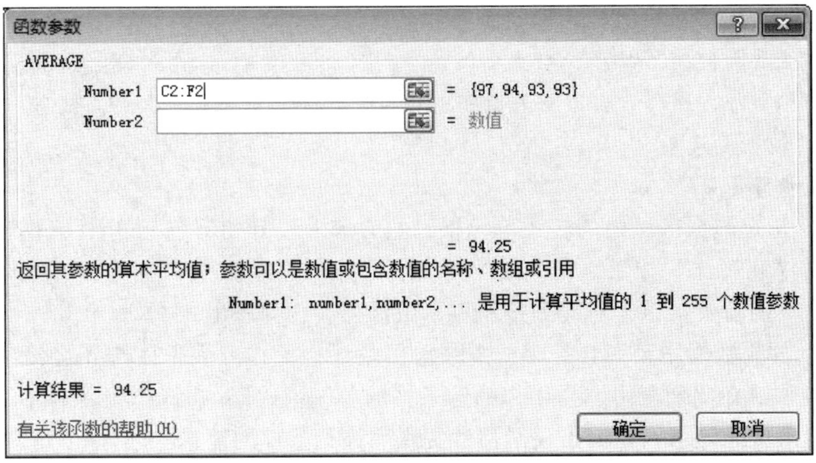

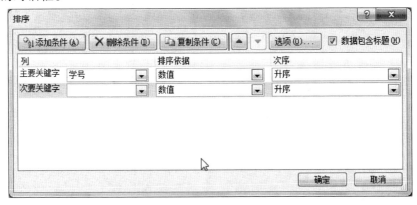

图 1.3.9 计算平均值函数

4. 数据排序

◇ 单列排序

【步骤】

① 选中要排序的这一列数据，不要选中标题。

② 单击"开始"选项卡"编辑"组中的"排序和筛选"按钮，在弹出的列表中选择"升序"或"降序"命令，系统会自动进行排序。

◇ 多列排序

【步骤】

① 选定数据区域任一单元格，单击"开始"选项卡中"编辑"组中的"排序和筛选"按钮，在弹出的列表中选择"自定义排序"命令，弹出如图 1.3.10 所示的对话框。

图 1.3.10 "排序"对话框

② 在"主要关键字"下拉列表框中选择按哪一列排序。

③ 在右侧的下拉列表中，选择"排列依据"和"次序"。

④ 用同样的方法，可以添加多个"次要关键字"。

【注意】"主要关键字""次要关键字"表示按列排序的优先次序，即首先按照"主要关键字"排序，当主要关键字列有相同值时，这些相同值按照"次要关键字"排序，同样，当次要关键字也相同时，按照下一个"次要关键字"排序。

5. 数据筛选

【步骤】

① 选定数据区域内的任意单元格，然后单击"开始"选项卡"编辑"组中的"排序和筛选"按钮，在弹出的列表中选择"自动筛选"命令，在各列首行出现向下的箭头，单击对应列按钮显示条件列表，如图 1.3.11 所示。

② 如果数据中某列含一个或多个空白单元格，在列表框底部还会出现"空白"选项。在此列表中选择用作筛选条件的单一值，Excel 将隐藏所有不满足指定筛选条件的记录，并突出显示那些提供有筛选条件的箭头。

③ 如果选择列表框中的"文本筛选"或"数字筛选"，就会弹出如图 1.3.12 所示的对话框。选择"与"求的是两个关系的交集，表示同时满足两个条件（如 60≤英语<90）；选择"或"求的是两个关系的并集，表示满足其中之一（如英语≥90 或英语<60）。

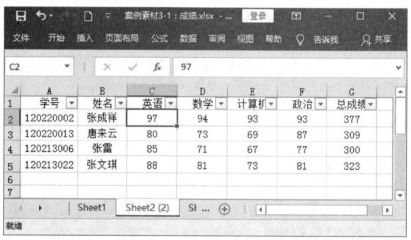

图 1.3.11 自动筛选条件列表图

图 1.3.12 "自定义自动筛选方式"对话框

【小技巧】 要恢复被筛选后隐藏的记录，单击筛选字段右边的按钮，执行

"全选"命令。要取消自动筛选状态，取消"排序和筛选"列表中"筛选"命令前的选中标志。

实验三 数据图表化

一、实验目的

1. 了解 Excel 的各种图表功能；
2. 理解嵌入式图表和独立图表；
3. 掌握创建图表的方法和步骤。

二、实验要点

根据工作表中的数据创建图表。

三、实验内容

以图 1.3.7 中的姓名、英语、计算机、政治四列数据创建一个三维簇状柱形图的操作为例，进行以下图表创建的操作。

【步骤】

① 选定建立图表的数据区域，即姓名、英语、计算机、政治四列数据，包括名称行。

② 单击"插入"选项卡中"图表"按钮组中的某一种图标，或者单击"图表"按钮组的扩展按钮，将弹出如图 1.3.13 所示的"插入图表"对话框，在"所有图表"中选择图表的类型和子类型，在此例中选择"柱形图"中的"簇状柱形图"。

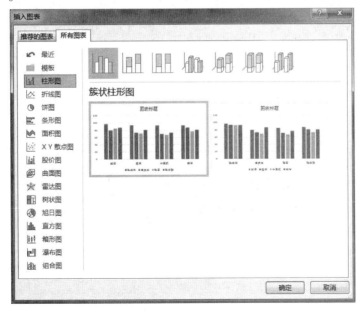

图 1.3.13 "插入图表"对话框

③ 单击"图表工具设计"选项卡，单击"数据"按钮组中的"选择数据"按钮，将弹出如图 1.3.14 所示的"选择数据源"对话框，在此对话中修改选择的数据源区域和显示方式。

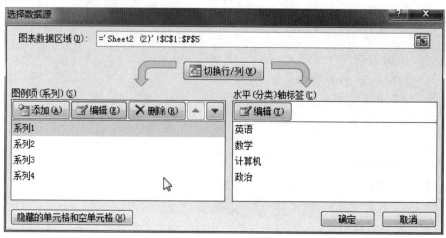

图 1.3.14 "图表数据源"对话框中的两个选项卡

【注意】 在对话框中可以修改数据系列的名称和分类轴标签。若在数据区域不选中文字，默认的数据系列名称为"系列 1、系列 2…"，分类轴标志用"1、2…"表示，用户也可以在"系列"标签添加所需的名称和分类轴标志。在此例中由于创建图表前已经选择好名称行与分类轴标志，所以按默认的即可。

④ 选择数据图表，单击"图表工具设计"选项卡，单击"图表布局"组中"添加图表元素"，在此下拉框中可以选择所需要添加的图表元素，如图 1.3.15 所示。

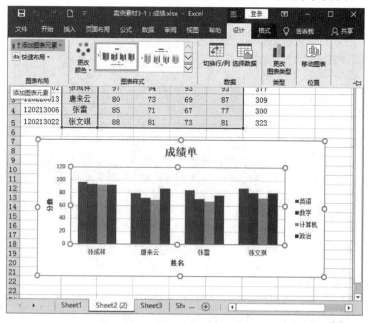

图 1.3.15 设置图表布局

⑤ 在对应选项中可分别设置"图表标题""坐标轴标题"等。在此例中，在"图表标题"栏中输入"成绩单"，分类（x）轴栏中输入"姓名"，数值（z）轴中输入"分数"。最终图表如图 1.3.16 所示。

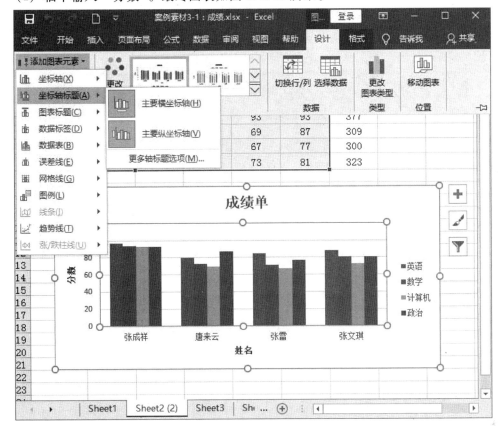

图 1.3.16 成绩单图表

实验四 数据管理及页面设置

一、实验目的

1. 掌握数据的分类汇总；

2. 掌握数据透视表的操作；

3. 掌握页面设置。

二、实验要点

1. 分类汇总；

2. 数据透视表操作；

3. 页面设置。

三、实验内容

1. 分类汇总

【注意】 使用自动分类汇总前，数据清单中必须包含带有标题的列，并且数据清单必须在要进行分类汇总的列上排序。

下面以图 1.3.17 上的数据清单为例进行数据汇总。

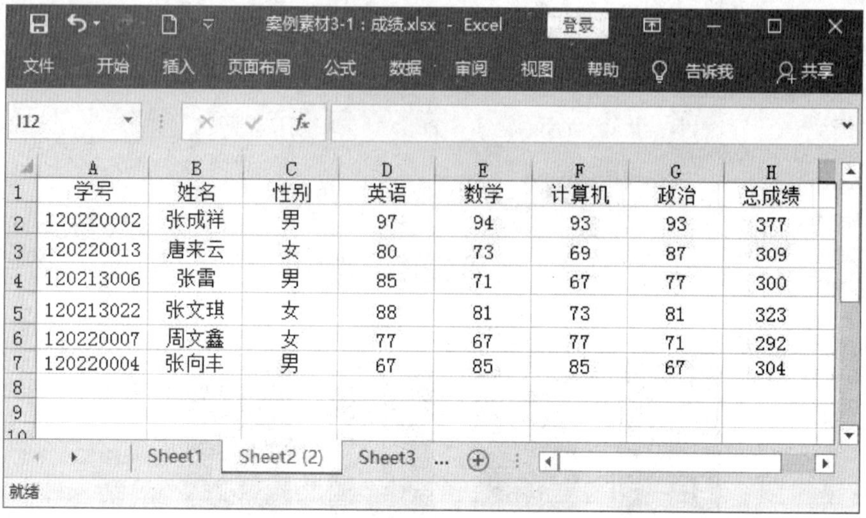

图 1.3.17 待汇总数据

◇ 汇总男生和女生的各科最高分

【步骤】

① 将"性别"按降序排序：首先选中所有数据，单击"数据"选项卡中的"排序和筛选"按钮，在弹出的列表中选择"排序"命令，在弹出的排序窗口中选择"性别"，最后选择"降序"，最后确定，则排序后的数据清单如图 1.3.18 所示。

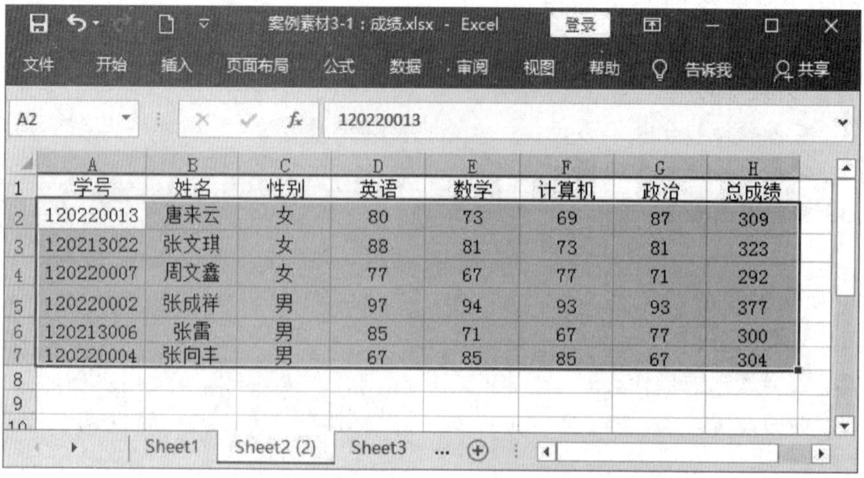

图 1.3.18 按"性别"排序后的数据

② 鼠标单击数据区任一单元格，选择"数据"选项卡"分级显示"组中的"分类汇总"，弹出如图 1.3.19 所示的对话框。

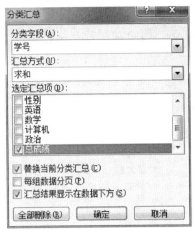

图 1.3.19 "分类汇总"对话框

③ 汇总男生和女生各科的最高分：在"分类字段"中选择"性别"，汇总方式选择"最大值"，"选中汇总项"选中英语、数学、计算机、政治和总成绩，然后单击"确定"按钮，汇总后的数据区如图 1.3.20 所示。

	A	B	C	D	E	F	G	H
1	学号	姓名	性别	英语	数学	计算机	政治	总成绩
2	120220013	唐来云	女	80	73	69	87	309
3	120213022	张文琪	女	88	81	73	81	323
4	120220007	周文鑫	女	77	67	77	71	292
5			女 最大值	88	81	77	87	323
6	120220002	张成祥	男	97	94	93	93	377
7	120213006	张雷	男	85	71	67	77	300
8	120220004	张向丰	男	67	85	85	67	304
9			男 最大值	97	94	93	93	377
10			总计最大值	97	94	93	93	377
11								

图 1.3.20 按性别求最高分分类汇总后的数据

◇ 汇总男生和女生的人数（保留上次汇总结果）

【步骤】

① 鼠标单击数据区任一单元格，选择"数据"选项卡中的"分类汇总"，如图 1.3.19 所示，在"分类字段"中选择"性别"，汇总方式选择"计数"，"分类汇总项"选择"姓名"。

② 将图 1.3.19 上的"替换当前分类汇总"取消，以保存上次分类汇总的

结果。

③ 单击确定，汇总后的数据区如图 1.3.21 所示。

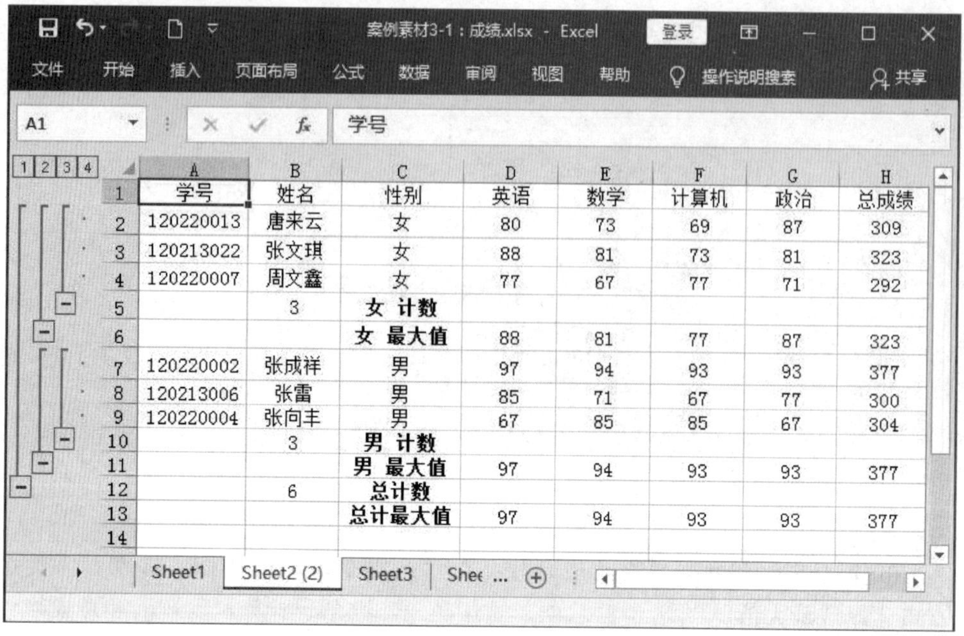

图 1.3.21 按性别计数分类汇总后的数据

◇ 折叠查看明细

【步骤】 单击汇总项"男 计数"左侧的"-"号按钮，折叠男生的明细，就会在下方显示出所有最终汇总结果。

2. 数据透视表操作

【注意】 数据透视表可以将数据的排序、筛选和分类汇总三个过程结合在一起，它可以转换行和列以查看源数据的不同汇总结果，可以显示不同页面以筛选数据，还可以根据需要显示所选区域中的明细数据，非常便于用户在一个清单中重新组织和统计数据。

下面以图 1.3.22 上的数据清单为例做一个透视表，按系别统计各个年级的男、女生人数。

【步骤】

① 单击数据区的任一单元格，选择"插入"选项卡"表格"组中的"数据透视表"，弹出"创建数据透视表"对话框，如图 1.3.23 所示。

② 在"创建数据透视表"对话框中，选中源数据区，然后单击"确定"按钮。

③ 在弹出的"数据透视表字段"对话框中选择要添加到报表中的字段，如图 1.3.24 所示。

④ 在图 1.3.24 所示的对话框中操作：先将"系别"拖到"行"，再将"年级"拖到"行"，"性别"拖到"列"，"姓名"拖到"数值"域，如图 1.3.24 所示。

图 1.3.22 数据透视表的源数据

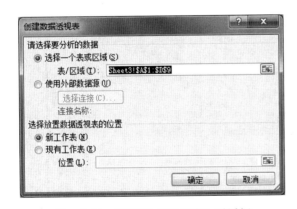

图 1.3.23 "创建数据透视表"对话框

图 1.3.24 "数据透视表字段"对话框

⑤ 生成的数据透视表如图 1.3.25 所示。

3. 页面设置

【步骤】

① 选择"页面布局"选项卡中的"页面设置"扩展按钮,弹出"页面设置"对话框,进行页面设置。

② 在"页面"选项卡中,可以进行方向、缩放、纸张大小和起始页码等基本的页面设置。

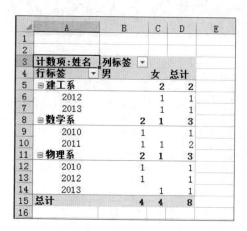

图 1.3.25　数据透视表

③ 页边距有两种设置方法。

a. 在图 1.3.26 所示的对话框中单击"页边距"选项卡，可以在数值输入区设定需要的页边距，以及打印区域的居中方式。

b. 进入"打印预览"状态，在"页面设置"对话框中单击"打印预览"按钮，在预览窗口中单击右下角的"显示边距"按钮，页面上会出现页边距标尺，如图 1.3.27 所示，可以用鼠标拖动来设置。

图 1.3.26　"页面设置"对话框

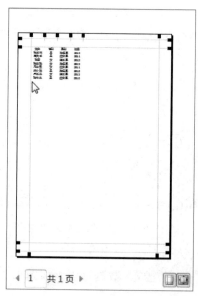

图 1.3.27　打印预览窗口

④ 在图 1.3.26 所示的对话框中单击"页眉/页脚"选项卡，进行设置，可以设置"自定义页眉/页脚方式"，或从下拉列表中选择喜欢的页脚方式。

⑤ 设置"打印区域"：可以直接填入区域值，或通过单击按钮用鼠标进行选取。

⑥ 打印标题：这个选项将为多页表加上共同的表头，即打印标题，例如，在"顶端标题行"中输入"$1：$2"，或者直接用鼠标选择 1~2 行，将设置多页的打印标题都为这选中的两行。

1.4 "演示文稿制作"实验

实验一 创建演示文稿

一、实验目的

1. 掌握 PowerPoint 2016 的启动与退出方法；
2. 了解 PowerPoint 2016 窗口的基本组成；
3. 掌握演示文稿的基本创建方法、掌握"模板"的使用方法；
4. 掌握"空演示文稿"的使用方法；
5. 掌握演示文稿的保存、关闭、打开和演示文稿的放映方法。

二、实验要点

1. PowerPoint 2016 的启动与退出；
2. 创建演示文稿；
3. 保存、关闭、打开和放映演示文稿。

三、实验内容

1. PowerPoint 2016 的启动与退出

【步骤】

① 单击"开始"菜单，选择"所有程序"，选择"PowerPoint 2016"，弹出如图 1.4.1 所示的窗口，即进入 PowerPoint 2016。

② 退出 PowerPoint 2016 的操作同 Word 2016 和 Excel 2016 程序相同。

【注意】 如图 1.4.1，在 PowerPoint 窗口工作区的右下方从左到右有这样几个视图按钮：普通视图、幻灯片浏览视图、阅读视图、幻灯片放映。分别单击不同视图按钮，观察其不同。

2. 创建演示文稿

◇ 创建空白演示文稿

【步骤】

① 启动 PowerPoint 2016 后，出现如图 1.4.1 所示 PowerPoint 2016 工作界面。

② 选择"文件"→"新建"命令，在"可用的模板和主题"栏中单击"空白演示文稿"图标，如图 1.4.2 所示。

③ 单击"创建"按钮，即可创建一个空白演示文稿。

◇ 使用模板

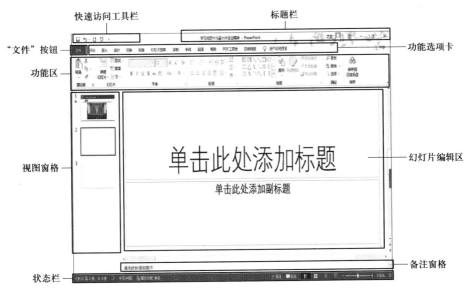

图 1.4.1 PowerPoint 2016 工作界面

【步骤】

① 在如图 1.4.2 所示的 "新建演示文稿" 窗格中选择 "联机模板和主题"，单击 "模板" 按钮，出现如图 1.4.3 所示的 "样本模板" 窗格。

图 1.4.2 "新建演示文稿" 窗格

② 在该窗格中选择自己所需要的模板，即可创建拥有模板的演示文稿。在幻灯片视图中显示出所选择的幻灯片的模板及版式，如图 1.4.4 所示，可以对这张幻灯片进行添加文字、图片等编辑工作。

3. 保存、关闭、打开和放映演示文稿

◇ 保存演示文稿

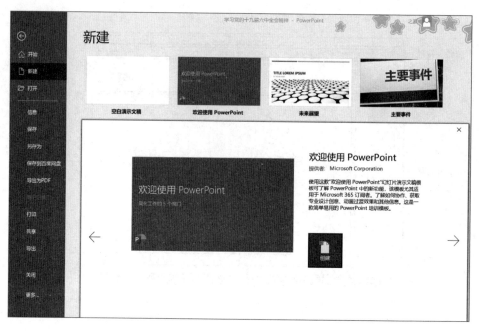

图 1.4.3 "样本模板"窗格

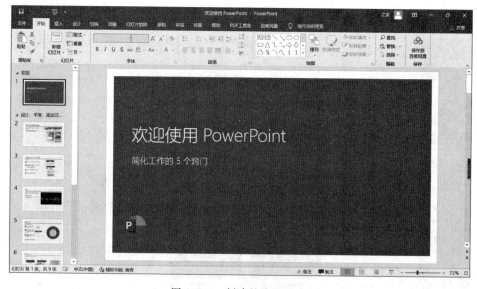

图 1.4.4 创建的演示文稿

【步骤】

① 选择"文件"→"保存"命令或单击快速访问工具栏中的"保存"按钮,打开"另存为"对话框,如图 1.4.5 所示。

② 在"保存位置"列表框处选择文件保存的位置,在"文件名"中输入演示文稿的文件名,在"保存类型"中选择文件保存的类型,然后单击"保存"按钮即可。

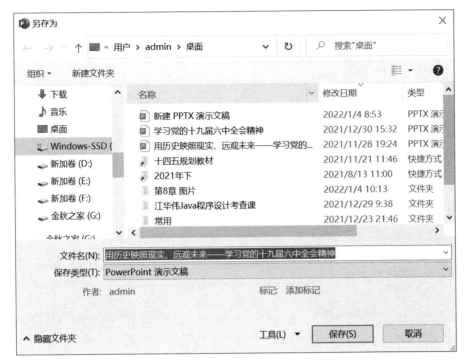

图 1.4.5 "另存为"对话框

【小技巧】 ① 一般存为 .pptx 类型，如果想存为直接放映类型就选择 .ppsx。② 执行"文件"菜单下的"另存为"命令可将当前已存在的演示文稿保存到另外一个演示文稿文件中。

◇ 关闭演示文稿

【步骤】

① 在 PowerPoint 2016 工作界面标题栏上右击，在弹出的快捷菜单中选择"关闭"命令。

② 单击"关闭"按钮：单击 PowerPoint 2016 工作界面标题栏右上角的"关闭"按钮，关闭演示文稿并退出 PowerPoint 程序。

③ 通过命令关闭：在打开的演示文稿中选择"文件"→"关闭"命令，关闭当前演示文稿。

◇ 打开演示文稿

【步骤】

① 打开一般演示文稿：启动 PowerPoint 2016 后，选择"文件"→"打开"命令，打开"打开"对话框，在其中选择需要打开的演示文稿，单击"打开"按钮，即可打开选择的演示文稿。如图 1.4.6 所示。

② 打开最近使用的演示文稿：PowerPoint 2016 提供了记录最近打开演示文稿保存路径的功能。如果想打开刚关闭的演示文稿，可选择"文件"→"最近所用文件"命令，在打开的页面中将显示最近使用的演示文稿名称和保存路径，如图 1.4.7 所示。然后选择需打开的演示文稿完成操作。

◇ 放映演示文稿

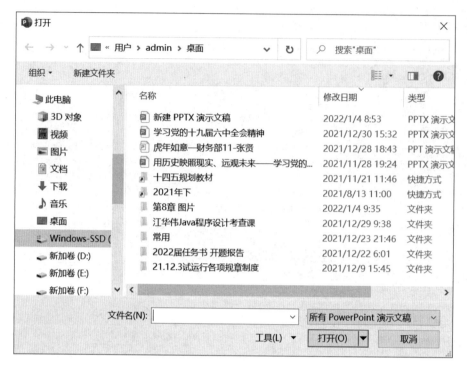

图 1.4.6 "打开"对话框

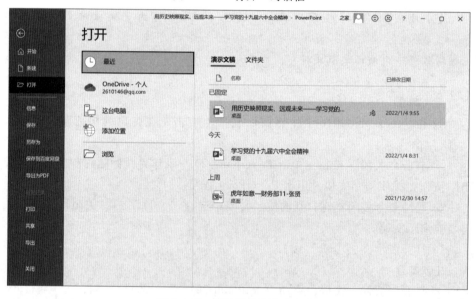

图 1.4.7 最近使用的演示文稿

【步骤】 进行以下三种不同操作启动放映。

① 单击状态栏视图切换按钮中的"幻灯片放映"按钮。

② 单击"幻灯片放映"选项卡中的"开始放映幻灯片"组中的按钮。

③ 按 F5 键。

【注意】 ① 在幻灯片放映过程中，屏幕将不显示 PowerPoint 窗口的任何内容，整个屏幕由一张幻灯片充满。② 只有在幻灯片放映状态下，用户设置的自定义动画效果，插入的动态图片、影片、声音和超级链接，以及幻灯片的切换才可以表现出来。

【小技巧】 ① 根据设置可以单击或自动显示当前演示文稿中的下一张幻灯片。② 右击屏幕的任何位置，在弹出的快捷菜单中选择"下一张""上一张"以显示下一张或上一张幻灯片。③ 如果此时想结束放映，也可以在此快捷菜单中选择"结束放映"命令或按 Esc 键，即可返回幻灯片视图进行编辑修改。

实验二　幻灯片的编辑

一、实验目的
1. 掌握幻灯片文字的编辑方法；
2. 掌握修改幻灯片版式的方法；
3. 掌握幻灯片的插入、移动和删除方法；
4. 掌握插入剪贴画和图片的方法，掌握幻灯片背景的设置方法；
5. 掌握插入幻灯片编号和页脚的方法。

二、实验要点
1. 编辑幻灯片文字；
2. 修改幻灯片主题；
3. 修改幻灯片模板；
4. 插入、移动和删除幻灯片；
5. 插入剪贴画和图片；
6. 设置幻灯片的背景；
7. 插入幻灯片编号和页脚。

三、实验内容
1. 编辑幻灯片文字
【注意】 幻灯片文字必须显示在文本框中，幻灯片文字编辑与 Word 2016 文本框中文本的编辑方法相同。
【步骤】
① 执行"插入"选项卡中的"文本框"命令，或者选择按照设计模板，已经存在的文本框。
② 按照 Word 2016 中设置文本框及编辑文字的方法来对文字进行编辑。
2. 修改幻灯片主题
【步骤】
① 在普通视图或幻灯片视图中，选择要修改版式的幻灯片。
② 选择"开始"选项卡中的"版式"按钮，屏幕出现"幻灯片版式"任务窗格，如图 1.4.8 所示。

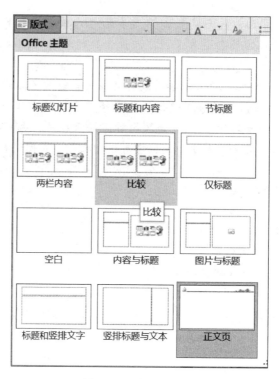

图 1.4.8　幻灯片版式

③ 选择一种新的版式，单击该版式，该幻灯片将按照新的版式进行调整，如图 1.4.9 所示。

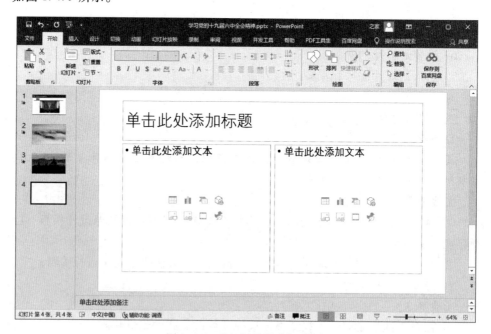

图 1.4.9　"幻灯片版式"示例

④ 执行完以上操作后,可以对应用新版式的幻灯片进行适当的调整,例如可以移动某个占位符、删除某个占位符等。

3. 修改幻灯片模板

【步骤】

① 打开要应用其他设计模板的演示文稿。

② 选择"设计"选项卡中的"主题"选项组,屏幕出现"主题"任务窗格。

③ 选择所需要的主题模板,然后右击模板,选择应用范围项,如图 1.4.10 所示。

④ 对于同一个演示文稿的不同幻灯片,若想使它们使用不同的主题,则要先选定幻灯片,然后选定一个设计模板,选择"应用于选定幻灯片"选项。

图 1.4.10 "主题"任务窗格

4. 插入、移动和删除幻灯片

◇ 插入新幻灯片

【步骤】

① 在幻灯片视图下单击一张幻灯片上边或下边的空白位置,会出现一条水平的横线。

② 单击"开始"选项卡中的"新建幻灯片"按钮,之后就会在横线的位置插入一张新幻灯片。

【小技巧】 选择"新建幻灯片"窗格中的"复制所选幻灯片"命令,会在演示文稿中插入选定的或当前幻灯片的副本,内容与版式完全一样。

◇ 移动幻灯片

【步骤】

① 在大纲窗格、幻灯片窗格或在幻灯片浏览视图中，选定想要移动的幻灯片，按住鼠标左键拖动。

② 拖动时会出现一个垂直的横线随着移动，横线的位置就是幻灯片放置的新位置，位置确定后松开左键即可。

【小技巧】 如果用户使用鼠标右键拖动幻灯片，那么被选中的幻灯片可以通过弹出的菜单选择"移动"或"复制"到新位置。

◇ 删除幻灯片

【步骤】

① 选定想要删除的幻灯片（按住 Ctrl 键依次单击，可以选择多张幻灯片），此时在幻灯片四周会出现一个粗框表示已选中了该幻灯片。

② 按下键盘上的 Delete 键即可删除选定的幻灯片。

5. 插入剪贴画和图片

◇ 插入剪贴画

【步骤】 进行以下两种插入操作。

① 选择幻灯片的内容版式，然后在"单击图标添加内容"处单击"剪贴画"图标，弹出插入剪贴画窗格，选择一种剪贴画插入即可。

② 单击"插入"选项卡中的"剪贴画"按钮，将显示"剪贴画"窗格，选择一种剪贴画插入即可。

◇ 插入图片

【步骤】

① 选择幻灯片的内容版式，然后在"单击图标添加内容"处单击"插入来自文件的图片"图标，弹出"插入图片"对话框。

② 单击"插入"选项卡中的"图片"按钮，将弹出"插入图片"对话框。

③ 在"查找范围"列表框中选择图片所在路径，选择所需的图片，单击"插入"按钮。

④ 设置图片的格式、大小及位置。

6. 设置幻灯片的背景

◇ 更改背景颜色

【步骤】

① 首先选择要设置背景颜色的幻灯片，单击"设计"选项卡中的"背景"按钮组，弹出如图 1.4.11 所示对话框。

② 单击"填充"选项组中下部的"颜色"按钮，显示出调色板，打开如图 1.4.12 所示的"填充颜色"下拉列表。如果应用颜色填充背景，只需从下拉列表中选择所需要的背景颜色。如果其中没有所需要的颜色，可以选择"其他颜色"选项，在打开的"颜色"对话框中选取颜色或自定义颜色。

③ 选择所需颜色，所做的修改应用到当前幻灯片中；单击"全部应用"按钮，应用到所有的幻灯片中。

◇ 设置背景渐变效果

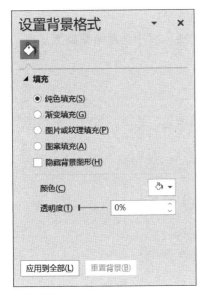

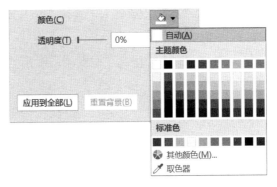

图 1.4.11 "设置背景格式"对话框   图 1.4.12 "填充颜色"下拉列表

【步骤】

① 在"设置背景格式"对话框中的"填充"选项卡中选择"渐变填充"，如图 1.4.13 所示。

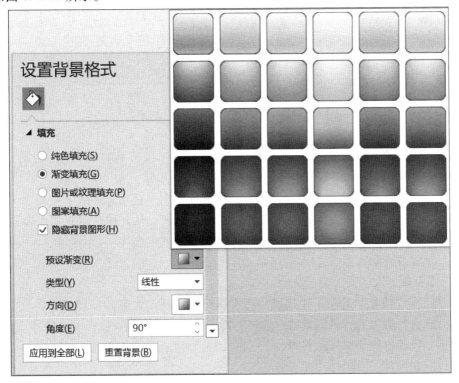

图 1.4.13 "填充"选项卡

② 选择"渐变光圈"滑块设置背景的渐变效果。

③ 在"颜色"栏中选择渐变颜色，在"类型"栏中选择渐变类型，在"方向"和"角度"栏中选择渐变效果的变化方向。

◇ 设置背景纹理

【步骤】

① 在"填充"选项卡中选择"图片或纹理填充"选项，如图1.4.14所示。

② 在"纹理"栏中选择所需要的纹理背景。

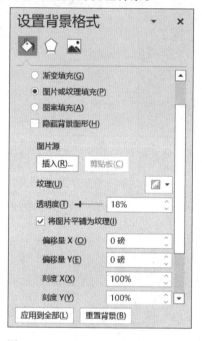

图1.4.14 "图片或纹理填充"选项

◇ 设置背景图片

【步骤】

① 在"填充"选项卡中选择"图片或纹理填充"选项，如图1.4.14所示。

② 通过"文件""剪贴板"或"剪贴画"按钮，从其他位置查找出要设置为背景的图片。

◇ 设置背景图案

【步骤】

① 在"填充"选项卡中选择"图案填充"选项，如图1.4.15所示。

② 选择所需的背景图案后，选择不同前景色和背景色。

7. 插入幻灯片编号和页脚

◇ 插入某一张幻灯片的编号

把文本光标定位在放置编号的位置，然后单击"插入"选项卡中的"幻灯片编号"按钮即可。

◇ 插入所有幻灯片的编号、页脚

图 1.4.15 "图案填充"选项

【步骤】

① 单击"插入"选项卡中的"页眉和页脚"按钮,弹出如图 1.4.16 所示的对话框。

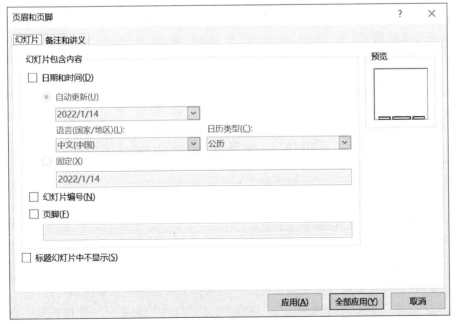

图 1.4.16 "页眉和页脚"对话框

② 设置幻灯片的页脚应选择"幻灯片"选项卡。

③ 选择"日期和时间"插入日期和时间，并设置为"自动更新"或"固定"的。

④ 选定"幻灯片编号"复选框，在页脚区右区插入幻灯片编号。

⑤ 选定"页脚"复选框，在页脚区中区插入页脚内容，在下边的文本编辑区中输入页脚内容。

⑥ 选择"标题幻灯片中不显示"复选框，标题幻灯片中不显示页脚。

【小技巧】 ① 页脚区设置，可通过"预览"栏查看。② 单击"全部应用"按钮，页脚设置将在所有幻灯片中应用。单击"应用"按钮，只在当前或选定的幻灯片中应用。

实验三　幻灯片的动画与超级链接

一、实验目的

1. 掌握设置动画效果的方法；

2. 掌握如何设置幻灯片的切换效果；

3. 掌握幻灯片超链接的创建、编辑和删除方法。

案例素材 4-1：
安阳师院

二、实验要点

1. 幻灯片中设置动画效果；

2. 设置幻灯片切换效果；

3. 使用幻灯片超链接。

三、实验内容

1. 幻灯片中设置动画效果

【步骤】

① 在普通视图中，选定要设置动画的对象。

② 选择"动画"选项卡中的"添加动画"按钮，打开下拉框，包括"进入""强调""退出""动作路径"以及更多效果等选项，都是自定义动画对象出现的动画形式，如图 1.4.17 所示。

③ 在列表中选择一种动画效果，如图 1.4.18 所示。

④ 在此窗格中还可以设置该动画效果的相关选项，例如：开始、方向、触发、时间等，如图 1.4.19 所示。

2. 设置幻灯片切换效果

【步骤】

① 在幻灯片普通视图或浏览视图下，选择要添加切换效果的幻灯片。

② 选择"切换"选项卡，在"切换到此幻灯片"组中有"切换方案"以及"效果选项"两部分内容，如图 1.4.20 所示。

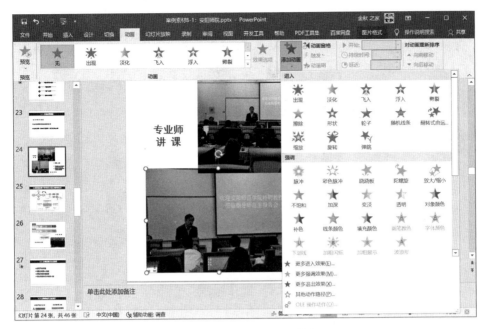

图 1.4.17 "添加动画"按钮

图 1.4.18 "更改进入效果"对话框

图 1.4.19 "动画"选项卡

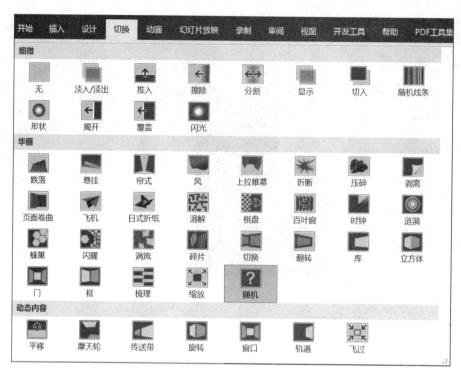

图 1.4.20 "切换"选项卡

③ 在"切换方案"列表中，选择"蜂巢"切换方案，在窗口中可以看到这种效果，如图 1.4.21 所示。

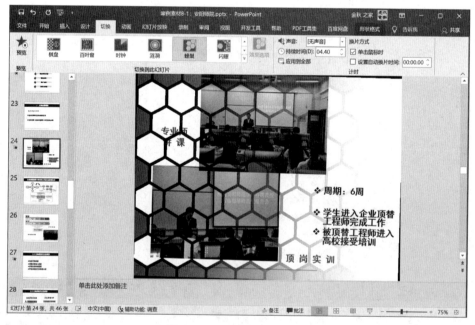

图 1.4.21 "蜂巢"切换效果

④ 在该选项卡中还可以设置切换的速度、切换时伴随的声音、换片方式等。

3. 使用幻灯片超链接

◇ 用【超链接】命令创建链接

【步骤】

① 在幻灯片中，先选中需要创建超链接的对象，然后单击"插入"选项卡中的"超链接"按钮，如图 1.4.22 所示。右击对象文字，在弹出的快捷菜单中点击"超链接"选项。

② 打开"插入超链接"对话框，如图 1.4.23 所示。单击对话框左边的"本文档中的位置"，出现如图 1.4.24 所示对话框，在"请选择文档中的位置"列表框中选中要链接到的幻灯片，即可实现本文档中的链接。通过"书签"按钮打开"在文档中选择位置"对话框，也可实现相同操作。

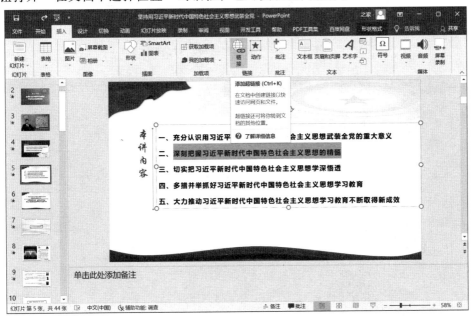

图 1.4.22 "超链接"按钮

③ 通过图 1.4.23 中的查找范围，也可以选择其他的文件，这样可以实现链接到其他文件。

④ 也可以在"地址"文本框里，输入 Web 页地址、其他演示文稿、Word 文档、Excel 工作簿等文件地址来表示超链接的目标。

◇ 用"动作设置"创建超链接

同样选中需要创建超链接的对象（文字或图片等），点击"插入"选项卡中的"动作"按钮，弹出"动作设置"对话框，如图 1.4.25 所示，在对话框中有两个选项卡"单击鼠标"与"鼠标悬停"，通常选择默认的"单击鼠标"。单击"超链接到"选项，打开超链接选项下拉菜单，选择其中一个选项，然后单击"确定"按钮即可。若要将超链接的范围扩大到其他演示文稿或 PowerPoint 以外的文件中去，则只需要在选项中选择"其他 PowerPoint 演示文稿..."或"其他

微视频 4-1：动作设置

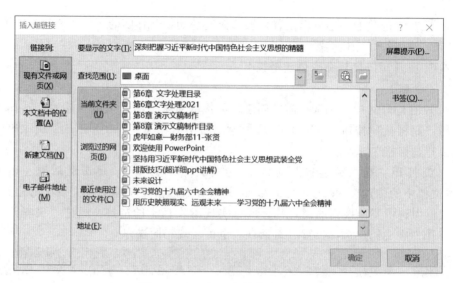

图 1.4.23 "插入超链接"对话框

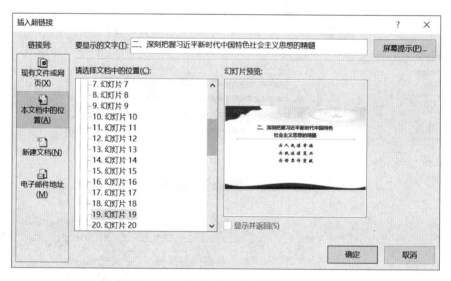

图 1.4.24 "本文档中的位置"列表框

拓展资源4-1：
演示文稿超级
链接

文件…"选项即可。还可以在"播放声音"选项中设置链接时的声音。同样，在"鼠标悬停"选项卡中还可以设定链接对象，使鼠标悬停时跳转到链接对象。

◇ 编辑和删除超链接

如果要编辑或删除超链接，需要将鼠标指向已建立的链接对象上并右击，在弹出的快捷菜单中选择"编辑超链接"命令，打开"编辑超链接"对话框，如图1.4.26所示。在该对话框中可以对现有链接进行修改。若要删除链接，则在"编辑超链接"对话框中单击"删除链接"按钮或在右键弹出式菜单中选择"取消超链接"命令即可。在"动作设置"对话框也可完成相应操作。

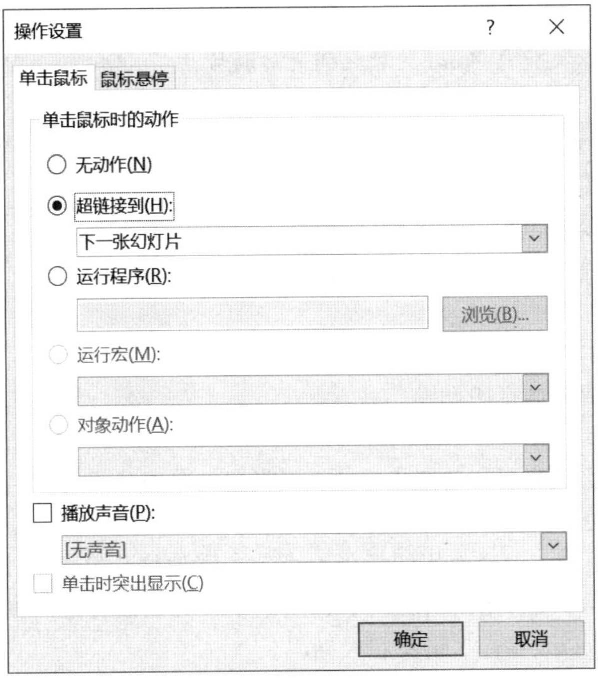

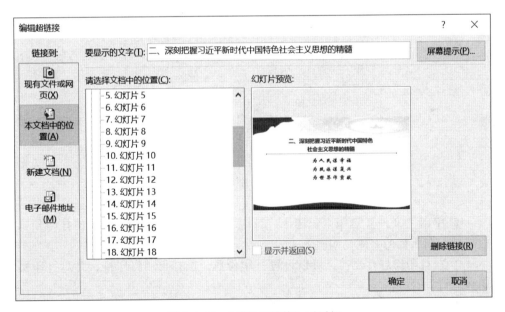

图 1.4.25 "动作设置"对话框

图 1.4.26 "编辑超链接"对话框

实验四　演示文稿的打包与 Word 文档的转换

一、实验目的

1. 掌握演示文稿的打印方法；

2. 掌握演示文稿的打包方法；

3. 掌握演示文稿与 Word 文档之间的转换方法。

二、实验要点

1. 演示文稿中的打印设置；

2. 演示文稿打包；

3. 演示文稿与 Word 文档之间的相互转换。

三、实验内容

1. 演示文稿中的打印设置

【步骤】

① 在打印之前先要调整好相应的页面设置，单击"设计"→"自定义"组中的"幻灯片大小"命令，可以打开如图 1.4.27 所示的对话框。在"幻灯片大小"下拉列表框中，选择使用的纸张大小，在"幻灯片编号起始值"中选择幻灯片的起始编号。在右侧的"方向"选项组中，可以设置是"横向"还是"纵向"打印幻灯片以及备注、讲义和大纲。

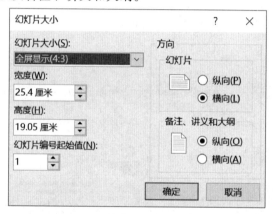

图 1.4.27 "幻灯片大小"对话框

② 单击"文件"选项卡，选择"打印"选项。将显示演示文稿的打印预览效果显示在面板的右侧，如图 1.4.28 所示。

③ 在打印幻灯片之前，可以设置打印份数，选择可用打印机，并对打印机属性进行设置。

④ 可以在设置区域设置打印的范围，选择打印整个演示文稿还是只打印当前幻灯片，还可以输入幻灯片编号从而选择打印演示文稿中的部分幻灯片，如图 1.4.29 所示。

⑤ 可以设置打印版式，选择要打印的是整页幻灯片、备注页、大纲还是讲义，如图 1.4.30 所示。当选择打印讲义时，可以设置每页显示的幻灯片数，以及是水平还是垂直打印讲义。

⑥ 可以设置相应演示文稿的颜色显示效果。可以选择"灰度"或"纯黑

白"选项，即可在 PowerPoint 中以灰度或黑白方式显示相应的幻灯片效果。如果转换为灰度后效果不好，建议用户还是选择使用一些对比度比较强的幻灯片配色方案。

⑦ 完成页面视图检查和调整之后，即可开始实际打印。

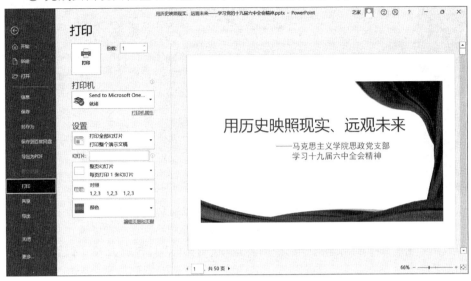

图 1.4.28 演示文稿的打印预览效果

图 1.4.29 设置打印的范围

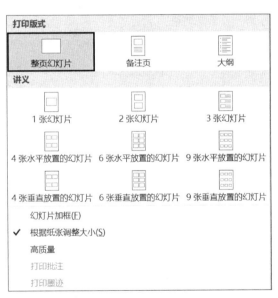

图 1.4.30 设置打印版式

2. 演示文稿打包

【步骤】

① 单击"文件"→"导出"按钮，选择"将演示文稿打包成 CD"选项，如图 1.4.31 所示。

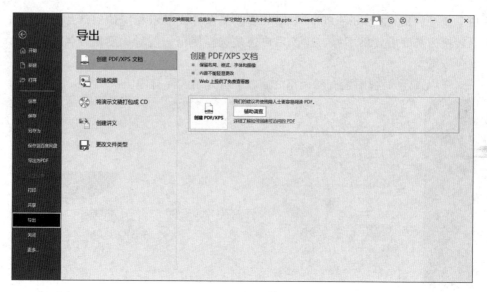

图 1.4.31 选择"将演示文稿打包成 CD"选项

② 单击"将演示文稿打包成 CD"选项，打开"打包成 CD"对话框，如图 1.4.32 所示。

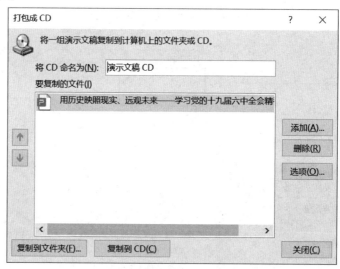

图 1.4.32 "打包成 CD"对话框

③ 单击"复制到文件夹"按钮，在打开的对话框中选择文件夹所在的位置，如图 1.4.33 所示。

④ 单击"确定"按钮，开始复制文件。完成后打开该文件夹，可以看到打包的所有文件。

3. 演示文稿与 Word 文档之间的相互转换

【步骤】

① 打开要进行转换的演示文稿。

图 1.4.33　将幻灯片打包

② 选择"文件"栏下的"保存并发送"选项，选择"文件类型"中的"创建讲义"命令，如图 1.4.34 所示。

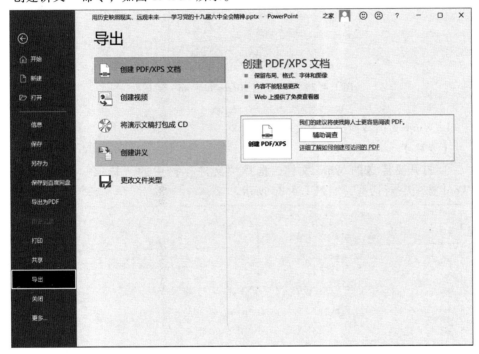

图 1.4.34　"创建讲义"命令

③ 打开"发送到 Microsoft Word"对话框，如图 1.4.35 所示。在该对话框中选择一种 Word 文档的版式。

④ 选中"粘贴链接"选项。

⑤ 单击"确定"按钮，系统即会自动生成一个 Word 文档。

若选中"粘贴链接"选项，则对该演示文稿的修改会自动改变生成的 Word 文档的相应内容。否则，在 PowerPoint 中的幻灯片的变化不会影响 Word 文档中的内容。

要编辑 Word 文档中的幻灯片，可以双击该幻灯片，启动 PowerPoint 操作界面进行编辑，编辑完成后，在幻灯片外单击即可返回 Word 文档界面。

图 1.4.35 "发送到 Microsoft Word" 对话框

4. Word 文档转换成演示文稿

【步骤】

① 打开要传送的 Word 文档，选择 "文件" 栏中的 "选项" 按钮，打开 "Word 选项" 对话框，如图 1.4.36 所示。

图 1.4.36 "Word 选项" 对话框

② 选择"快速访问工具栏"→"不在功能区的命令"→"发送到 Microsoft PowerPoint",添加到快速访问工具栏,如图 1.4.37 所示。

③ 选择工具栏中的"发送到 Microsoft PowerPoint"按钮,即可自动生成一个 PowerPoint 文档。

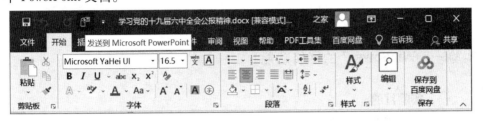

图 1.4.37 "发送到 Microsoft PowerPoint"按钮

1.5 "计算机网络与安全"实验

实验一 Windows 7 的网络功能

一、实验目的
1. 掌握局域网的设置方法；
2. 掌握映射共享文件夹的方法；
3. 掌握设置共享资源的方法。

二、实验要点
1. 设置局域网；
2. 设置映射共享文件夹；
3. 设置共享资源。

拓展资源 5-1：
小型办公室组网
方案

三、实验内容
1. 设置局域网

【步骤】

① 单击"控制面板"→"查看网络状态和任务"，打开"网络和共享中心"，如图 1.5.1 所示窗口。

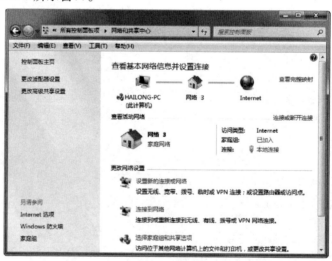

图 1.5.1 "网络和共享中心"窗口

② 单击"更改高级共享设置"即可对"家庭或工作"和"公用"两种局域

网环境进行设置，如图 1.5.2 所示窗口。

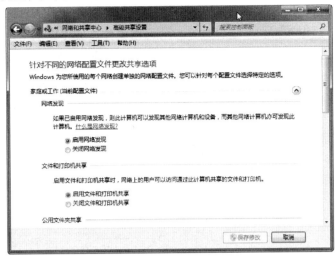

图 1.5.2 "高级共享设置"窗口

③ 首先要启用网络发现，就是发现其他网络的计算机和设备，使得其他的计算机也可以发现此计算机，这是组建家庭局域网的必要条件，如果关闭局域网内的计算机将无法互相访问。然后可以设置共享选项。

2. 网络映射操作

【小技巧】 将网络中设为共享的文件夹"映射"为本地机的资源，用户就可以像浏览自己的硬盘一样方便地浏览共享的文件夹了。

【步骤】

① 鼠标右键单击桌面上的"网络"图标（或"计算机"图标），从弹出的快捷菜单中选取"映射网络驱动器"命令，屏幕弹出"映射网络驱动器"对话框，如图 1.5.3 所示。

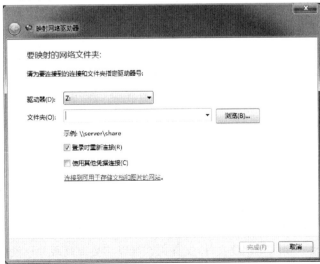

图 1.5.3 "映射网络驱动器"对话框

② 在"驱动器"下拉列表框中选择驱动器号，单击"文件夹"后面的"浏览"按钮将弹出如图 1.5.4 所示的对话框，从中选择要映射到本地机的网上文件夹，单击"确定"按钮。这样被选中的网络文件夹就可以从本地机的"计算机"中以设定的驱动器号进行访问。

图 1.5.4 "请选择共享的网络文件夹"对话框

③ 取消一个已映射的网络文件夹：鼠标右键单击桌面上的"网络"图标（或"计算机"图标），从弹出菜单中选取"断开网络驱动器"命令，屏幕弹出"断开网络驱动器"对话框，如图 1.5.5 所示，从列表中选择要断开的网络驱动器，单击"确定"按钮就完成了断开。

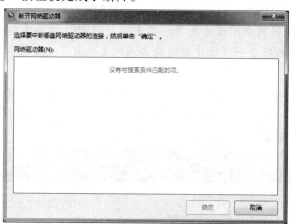

图 1.5.5 "断开网络驱动器"对话框

3. 设置共享资源

（1）共享文件夹

【步骤】

① 选中要共享的文件夹，鼠标右键单击，从弹出的快捷菜单中选择"共享"中的"家庭组（读取）"命令，弹出"文件共享"窗口，如图 1.5.6 所示。

② 选中在网络上共享的文件夹，可以重新命名共享名。如果允许别人在该共享文件夹下修改、删除和创建文件/文件夹，可以"更改高级共享设置"属性。

（2）共享打印机

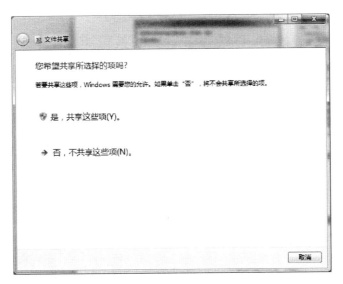

图 1.5.6 "文件共享"窗口

【步骤】

① 单击"开始"→"设备和打印机"命令，弹出如图 1.5.7 所示窗口。

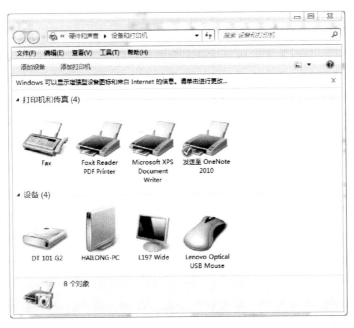

图 1.5.7 "设备和打印机"窗口

② 右键单击要共享的打印设备，从弹出的快捷菜单中选择"共享"命令，如图 1.5.8 所示。

③ 选中"共享这台打印机"选项，重命名共享名称，单击"确定"按钮完成共享打印机设置。

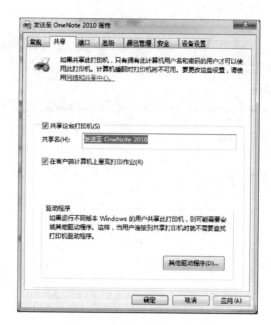

图 1.5.8　打印机属性对话框

实验二　网络互联

一、实验目的
1. 掌握 Windows 7 中网络标识设置和更改的方法；
2. 掌握 Windows 7 中计算机名、工作组和域的设置方法；
3. 掌握 Windows 7 中通信协议的安装、TCP/IP 协议的属性设置方法。

二、实验要点
1. 设置网络标识、计算机名、工作组和域；
2. 安装通信协议；
3. 设置 TCP/IP 属性。

三、实验内容
1. 网络标识设置与更改
【步骤】
① 右键单击桌面上的"计算机"图标，在弹出的快捷菜单中选择"属性"命令，在弹出的窗口中单击"高级系统设置"命令，弹出"系统属性"窗口，单击"计算机名"选项卡，如图 1.5.9 所示。
② 单击"网络 ID"按钮，弹出"加入域或工作组"对话框，如图 1.5.10 所示，根据提示设置。
2. 设置计算机名、工作组和域

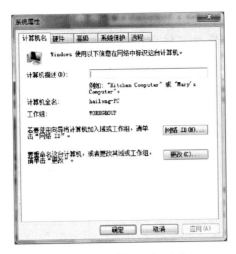

图 1.5.9 "计算机名"选项卡

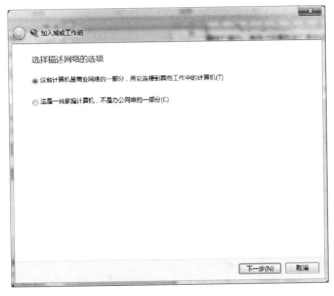

图 1.5.10 "加入域或工作组"对话框

【步骤】

① 在如图 1.5.9 所示的对话框中,单击"更改"按钮,弹出"计算机名/域更改"对话框,如图 1.5.11 所示。

② 更改计算机名,并选择要加入的域或者工作组,也可更改相应的域和工作组名称。

【注意】 域和工作组的更改要询问网络管理员,以加入正确的域或工作组。

3. 通信协议的安装

【步骤】

① 右键单击桌面右下角的"网络"图标,从弹出的快捷菜单中选择"打开

网络和共享中心"命令,弹出"网络和共享中心"窗口,单击"本地连接"图标,从弹出的对话框中选择"属性"按钮,弹出"本地连接 属性"对话框,如图 1.5.12 所示。

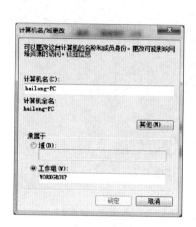

图 1.5.11 "计算机名/域
更改"对话框

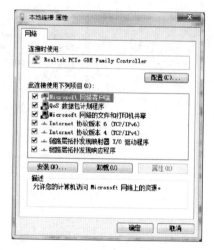

图 1.5.12 "本地连接 属性"对话框

② 单击"安装"按钮,从弹出的对话框列表中选中"协议"选项,如图 1.5.13 所示,然后单击"添加"按钮,弹出如图 1.5.14 所示的对话框,从中可以选择要安装的协议名称,并指定该协议安装文件所在的位置,就可以开始添加协议的安装了。

图 1.5.13 "选择网络功
能类型"对话框

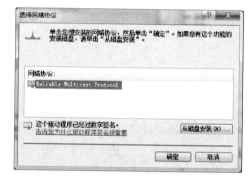

图 1.5.14 "选择网络协议"对话框

4. TCP/IP 的属性设置方法

【步骤】

① 在图 1.5.12 中选中"Internet 协议版本 4(TCP/IPv4)"选项,然后单击"属性"按钮,弹出如图 1.5.15 所示的对话框,在这里可以设置 IP 地址、子网掩码、默认网关以及 DNS 服务器。

【注意】 这些内容由网络管理员提供,随便改动将导致网络互联失败。

② 单击图 1.5.15 中的"高级"按钮,弹出"高级 TCP/IP 设置"对话框,

如图 1.5.16 所示，从该对话框中的不同选项卡中可以进行 DNS、WINS 等高级
设置。

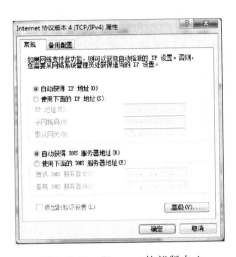

图 1.5.15 "Internet 协议版本 4
（TCP/IPv4）属性"对话框

图 1.5.16 "高级 TCP/IP 设置"对话框

实验三 浏览器的使用

一、实验目的
1. 掌握浏览器的启动与退出，了解浏览器的窗口组成；
2. 掌握浏览器的设置和搜索功能的使用方法；
3. 掌握搜索引擎的使用 Web 页面保存的方法。

二、实验要点
1. 启动和退出浏览器；
2. 设置浏览器；
3. 使用 IE 搜索功能和搜索引擎；
4. 保存 Web 页面。

拓展实验 5-1：
搜索引擎的使用

拓展实验 5-2：
IE 浏览器的设置

三、实验内容
1. 启动 Internet Explorer 浏览器

【步骤】
① 单击"开始"→"所有程序"→"Internet Explorer"命令，或者双击桌
面上的 IE 图标，或单击任务栏上的 IE 图标都可以启动 Internet Explorer 浏览器。
浏览器窗口如图 1.5.17 所示。
② 浏览网页并使用 IE 工具栏中按钮，总结这些按钮的功能。

2. Internet Explorer 浏览器的使用

（1）浏览 Web

拓展资源 5-2：
百度创始人李
彦宏

图 1.5.17　浏览器窗口

拓展资源 5-3：
WWW 早期发展史

微视频 5-1：
设置浏览器参数

【步骤】

① 启动 IE，在 IE 浏览器窗口中的地址栏中输入网址，即可打开 Web 页，例如想访问北京大学，就可在地址栏中输入"www. pku. edu. cn"。

【小技巧】　如果用户的 IE 窗口上没有地址栏，可以单击"查看"→"工具栏"→"地址栏"，则在 IE 窗口中就会出现地址栏。

② 在查看 Web 页时，当鼠标指针移动到超级链接上时，鼠标指针就变成小手的形状，单击该链接，即可跳转到相应的 Web 页。超级链接可以是下划线文字，也可以是图形。

③ 在浏览过程中，可通过工具栏上的"后退"和"前进"按钮向后或向前翻页。

（2）调整 IE 的设置

【步骤】

① 单击"工具"→"Internet 选项"命令，弹出如图 1.5.18 所示的"Internet 选项"对话框。

② 选择"常规"选项卡，单击"使用当前页"按钮，可将目前打开的网页设置为起始页，还可以在"地址"编辑栏中输入一个指定的主页地址，如输入百度主页网址，那么就可将输入的地址设置为起始页，"使用默认值"按钮，可恢复为第一次安装 IE 时的默认主页。

【小技巧】　为了加快浏览速度，可以关闭显示图片和播放视频，方法是在图 1.5.18 中选择"高级"选项卡，如图 1.5.19 所示，在"多媒体"下清除"在网页中播放声音""显示图片"等复选框。显示图片时，右键单击网页上的图标，在快捷菜单中选择"显示图片"命令，可单独显示图片或动画。

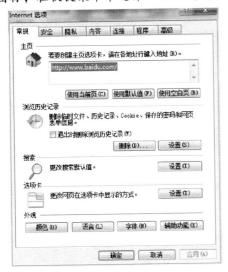

图 1.5.18 更改起始页 　　　　图 1.5.19 "高级"选项卡

（3）IE 的搜索功能

【步骤】

① 单击工具栏上"搜索"栏（图 1.5.20），在搜索栏的编辑框中输入关键字，比如要查找与等级考试相关的信息，就在编辑框中输入"等级考试"。

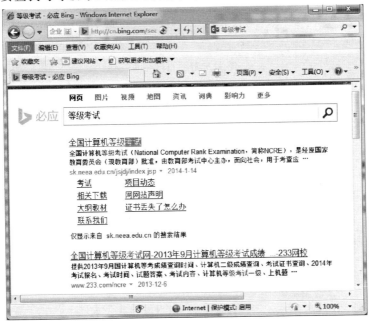

图 1.5.20 含搜索栏的网页

② 单击编辑框右边"搜索"按钮，开始自动搜索，搜索完毕，搜索栏中会显示相关站点信息。

③ 在当前页中搜索文本：在 IE 的"编辑"菜单中选择"在此页上查找"命令，弹出查找工具栏，在"查找内容"编辑框中输入要查找的内容，单击"下一个"按钮，就可以在该 Web 页中查找所需信息。

（4）使用搜索引擎

【步骤】 打开百度的首页，如图 1.5.21 所示，在文本框中输入要查询的关键字，比如"红楼梦"，单击"百度一下"按钮，会弹出如图 1.5.22 所示搜索结果。

图 1.5.21 百度主页

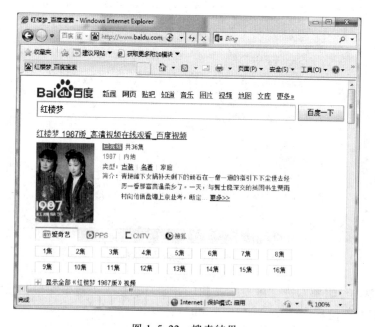

图 1.5.22 搜索结果

【小技巧】 对网站使用多个关键字查询时，使用"&"或"and"均可，表示"和"的关系，例如查找内容是儿童和文学，则输入"儿童＆文学"；表示"或"的关系，则使用"｜"或"or"均可，例如查找内容是足球或网球，则输入"足球 or 网球"。

3. 保存 Web 页信息

微视频 5-2：
保存网页和收藏
网址

【步骤】

① 单击"文件"→"另存为"命令，在弹出的对话框中选择保存的位置、文件类型，然后单击"保存"按钮即可。

② 保存页面上的部分文本：先用鼠标拖动选中所要的文字信息，再单击"编辑"→"复制"命令，然后在另外的文字处理程序中单击"编辑"→"粘贴"命令。

③ 保存一些精美的图片：可用鼠标右键单击该图片，在弹出的快捷菜单中选择"图片另存为"命令，在弹出的对话框中为图片命名，选择文件格式，最后单击"保存"按钮即可。

④ 页面背景图像的保存：右键单击，在快捷菜单中选择"背景另存为"命令，然后在对话框中给出要保存的背景图像文件名。

实验四　收发电子邮件

一、实验目的

1. 了解 Microsoft Outlook 2010 的基本功能；
2. 掌握邮箱的设置方法；
3. 掌握收发电子邮件的方法；
4. 掌握建立新邮箱的方法。

二、实验要点

1. 设置 Microsoft Outlook 2010 邮箱；
2. 收发电子邮件。

三、实验内容

1. 设置邮箱

微视频 5-3：
Outlook Express
的使用

【步骤】

① 启动 Microsoft Outlook 2010。单击桌面上的"开始"→"所有程序"→"Microsoft Outlook 2010"命令，弹出如图 1.5.23 所示窗口。

② 单击"文件"→"信息"右侧窗口中的"添加账户"按钮，打开"添加新账户"对话框，选择"电子邮件账户"选项，如图 1.5.24 所示。

③ 单击"下一步"按钮，进入"自动账户设置"对话框，如图 1.5.25 所示，与邮件服务器连接。

④ 输入姓名、电子邮件地址、密码，单击"下一步"按钮，将进行自动配置。

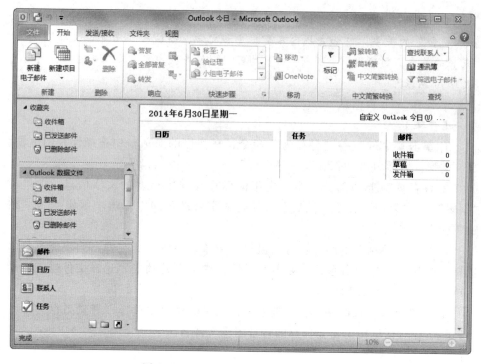

图 1.5.23　Microsoft Outlook 2010 窗口

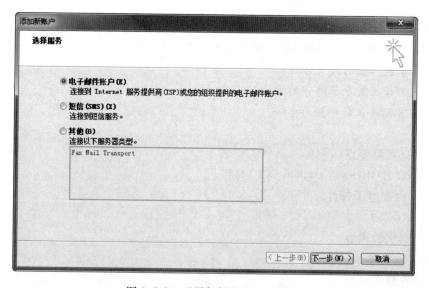

图 1.5.24　"添加新账户"对话框

⑤ 也可以在图 1.5.25 中选择"手动配置服务器设置或其他服务器类型"选项，单击"下一步"按钮，弹出图 1.5.26 所示对话框，进行手动配置。

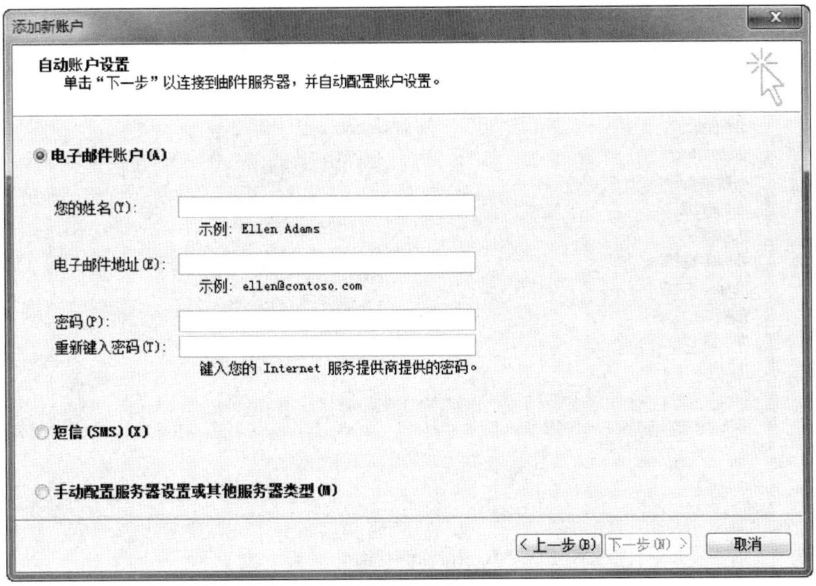

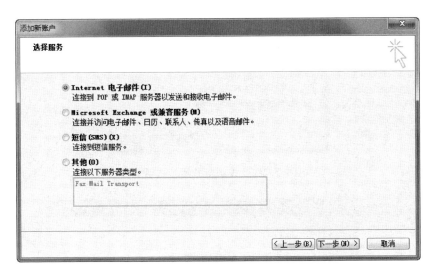

图 1.5.25 "自动账户设置"对话框

图 1.5.26 "选择服务"对话框

⑥ 选择"Internet 电子邮件"选项,单击"下一步"按钮,弹出图 1.5.27 所示对话框。

⑦ 填写姓名、电子邮件地址、服务器信息与密码,单击"其他设置"按钮,在弹出的"Internet 电子邮件设置"对话框中单击"发送服务器"选项卡,选中"我的发送服务器(SMTP)需要验证"选项,选择"使用与接收邮件服务器相同的设置"单选按钮,单击"确定"按钮,如图 1.5.28 所示。

⑧ 单击"下一步"按钮,自动进行账户测试,弹出如图 1.5.29 所示对话框,单击"完成"按钮。如果有多个电子邮箱,则可以设置多个账户,并将其中的一个设置为默认的电子邮件地址。

拓展资源 5-4:
电子邮件相关
协议

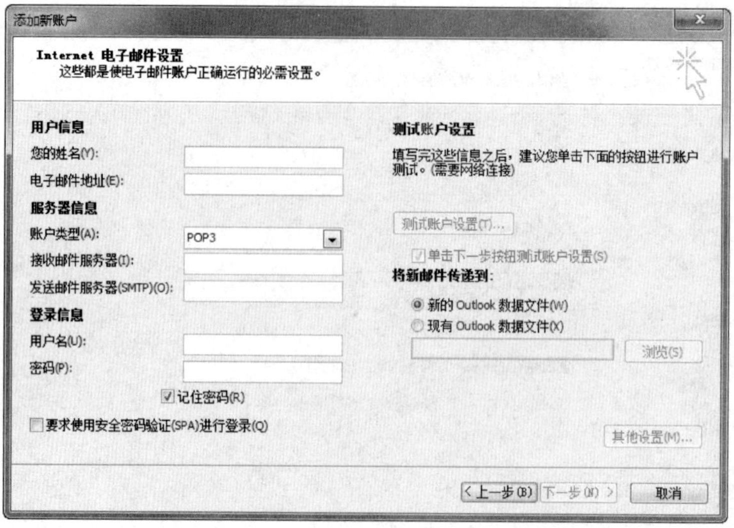

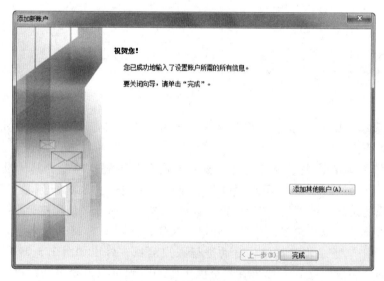

图 1.5.27　"Internet 电子邮件设置" 对话框

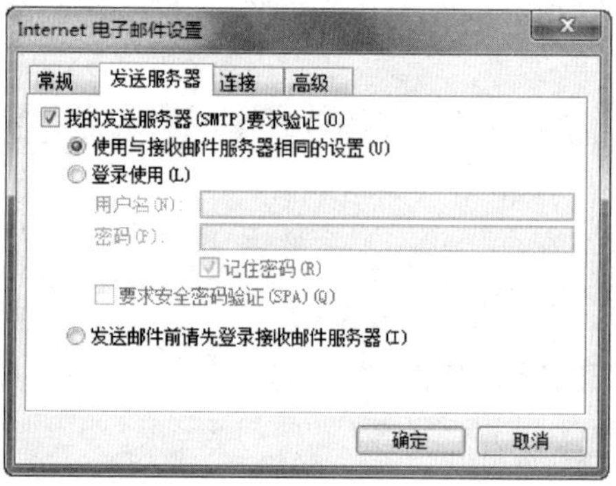

图 1.5.28　"发送服务器" 选项卡

图 1.5.29　设置完成对话框

2. 收发电子邮件

【步骤】

① 单击 Outlook 2010 工具栏上的"发送和接收"按钮。

② 单击 Outlook 2010 窗口左边的"收件箱"图标，Outlook 2010 将接收到的所有邮件全部显示在窗口右侧的窗格中，单击邮件主题，邮件内容显示在下面的窗格中，如图 1.5.30 所示。已经阅读过的邮件显示为正常字体，已下载但尚未阅读的邮件显示为粗体。

动画资源 5-1：
电子邮件的传输过程

图 1.5.30　阅读邮件窗口

【小技巧】　未阅读邮件前如有一个曲别针形状的图标，即为邮件的附件，双击此图标可查看。

3. 建立新邮件

【步骤】

① 单击工具栏上的"新建电子邮件"按钮或选择在"开始"→"新建"→"新建电子邮件"按钮，打开如图 1.5.31 所示对话框。

② 在"收件人"框中输入收件人的电子邮件地址，多个地址之间用英文分号或逗号隔开。

③ 要发送副本，在"抄送"框中输入收件人的电子邮件地址，不同地址之间用英文分号或逗号隔开。

④ 在"主题"框中输入信件的主题，在下面输入邮件正文。

⑤ 单击工具栏上的"发送"按钮，将邮件放在发件箱中，若已连上 Internet，将直接发送出去。回到 Outlook 2010 主窗口，单击"发送和接收"按

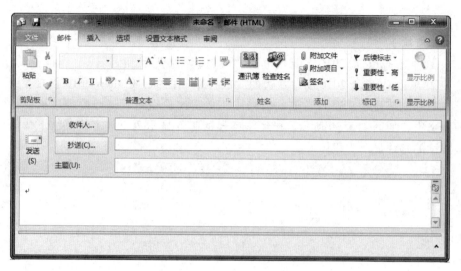

图 1.5.31　建立新邮件

钮，也可发送出去。

⑥ 邮件回复：在查看邮件正文时，按下工具栏上的"答复"按钮，弹出如图 1.5.32 所示对话框，然后输入邮件正文。

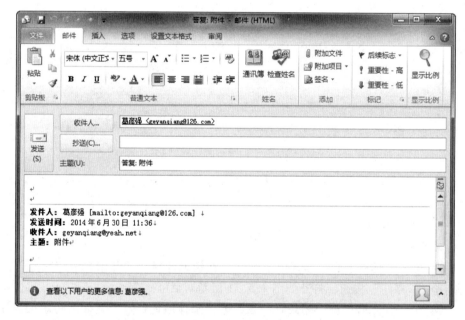

图 1.5.32　回复信件

⑦ 插入附件：在发信的对话框中，选择"插入"选项卡中的"附加文件"按钮，显示如图 1.5.33 所示"插入文件"对话框，选择要发送的文件，单击"插入"按钮完成。

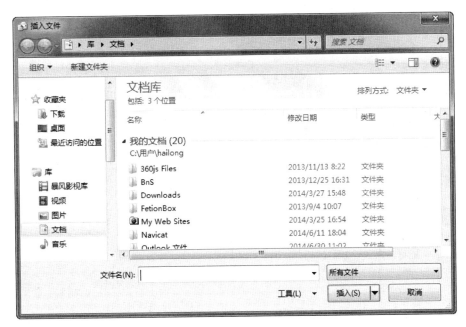

图 1.5.33 "插入文件"对话框

实验五 局域网的组建

一、实验目的

1. 理解局域网（LAN）的概念；
2. 熟悉 IP 网络地址的划分；
3. 熟悉并理解网络规划；
4. 熟练掌握华为 eNSP 模拟器的使用方法。

二、实验要点

1. 认识基本网络设备图标；
2. 配置终端 IP 地址；
3. 测试网络的连通性；
4. 网络组建的基本思想。

三、实验内容

1. 启动 eNSP 软件

为了方便、快捷地搭建网络平台，学习网络的规划、建设和运维能力，本节实验内容可以使用 eNSP 模拟器平台进行模拟。eNSP（Enterprise Network Simulation Platform）是一款华为自主研发的免费、可扩展、图形化操作的网络仿真平台，可以帮助广大网络技术的爱好者在没有真实设备的情况下进行模拟演练，学习网络技术。

通过模拟器的使用可以快速学习与掌握 TCP/IP 的原理知识，熟悉网络中的各种操作。开启 eNSP 后，将看到如图 1.5.34 所示的界面。

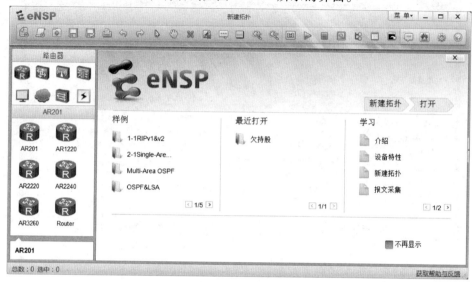

图 1.5.34　eNSP 启动界面

eNSP 启动界面左侧面板中的图标代表 eNSP 所支持的各种产品及设备，本实验用到的网络设备图标如图 1.5.35 所示，从左到右分别是 S3700 交换机、计算机终端、双绞线。中间面板则包含了多种网络场景的样例。界面上端的长条面板是工具栏按钮。

点击启动界面窗口左上方的"新建"图标按钮 ，创建一个新的实验场景。可以在弹出的空白界面上（工作区）搭建网络拓扑，练习组网，分析、测试网络的连通性。

图 1.5.35　网络设备图标

2. 建立拓扑

（1）添加计算机终端——PC

在左侧面板顶部，单击" "图标。在左侧面板中部，选中 PC 终端图标" "，把图标拖动到空白工作区中，使用相同的步骤，拖动 4 个 PC 图标到空白工作区，PC 终端的名称分别是 PC1、PC2、PC3 和 PC4，如图 1.5.36 所示。

（2）添加交换机

在左侧面板顶部，单击" "图标，在显示的交换机设备中，选中 S3700

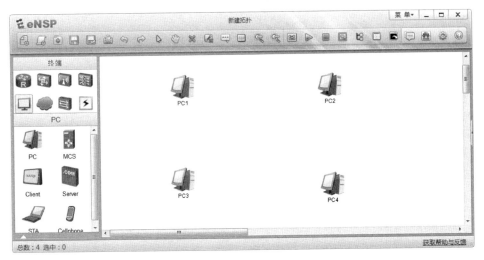

图 1.5.36　添加 PC 终端

交换机"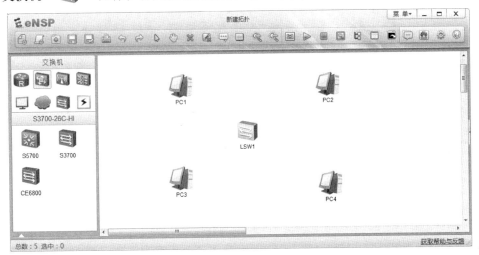"图标，将其拖动到空白工作区中，如图 1.5.37 所示。

图 1.5.37　添加交换机

（3）建立物理连接

在左侧面板顶部，单击"⚡"图标，在显示的连接图标中，选择双绞线图标"／"。在工作区中，单击设备选择相应端口完成连接，如图 1.5.38 所示。

端口连接关系如下，其中 E（Ethernet）代表以太网口。

PC1　E0/0/1——LSW1　0/0/1　　　　PC2　E0/0/1——LSW1　0/0/2

PC3　E0/0/1——LSW1　0/0/3　　　　PC4　E0/0/1——LSW1　0/0/4

在已建立的网络中，在双绞线的两端分别有一个小红点，表示该连线的两个端口都处于 Down 状态（没有开启）。点击界面工具栏上边的图标"▷"启动设备。稍等片刻，等设备启动成功后，可以观察到连线两端的小红点变成了

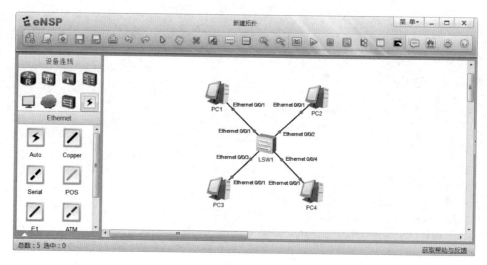

图 1.5.38 连接设备

小绿点，表示设备成功启动，该连接为 UP 状态。如图 1.5.39 所示。

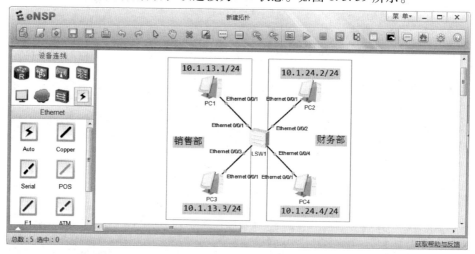

图 1.5.39 拓扑结构

（4）配置终端 IP 地址

根据图 1.5.39 所示的拓扑结构，配置 PC 终端的 IP 地址。双击 PC1 打开配置界面，在基础配置界面中，配置规划好的 IP 地址和子网掩码，如图 1.5.40 所示。最后单击"应用"按钮生效配置。PC2、PC3 和 PC4 的配置过程类同，这里不再赘述。

3. 测试网络的连通性

用"ping"命令测试这四台 PC 之间的连通性。

（1）测试 PC1 与 PC3 之间的连通性，双击 PC1，打开配置界面，在命令行窗口中输入命令"ping 10.1.13.3"，连通性测试结果如图 1.5.41 所示。

（2）测试 PC1 与 PC2 的之间的连通性，测试结果如图 1.5.42 所示。

图 1.5.40 配置 IP 地址、子网掩码

图 1.5.41 PC1 与 PC3 连通性测试

可以观察到，PC1 与 PC3 之间是连通的，可以进行正常通信，而 PC1 与 PC2 之间是不连通的，无法进行正常通信。PC1 与 PC4 之间的连通性测试结果与图 1.5.42 相同。

（3）在 PC2 上测试与 PC4 的连通性，如图 1.5.43 所示。

4. 结果分析

从连通性的测试结果可以观察到 PC1 与 PC3 之间，PC2 与 PC4 之间通信正常，而 PC1 或者 PC3 与 PC2 或 PC4 通信时，发现无法进行通信。

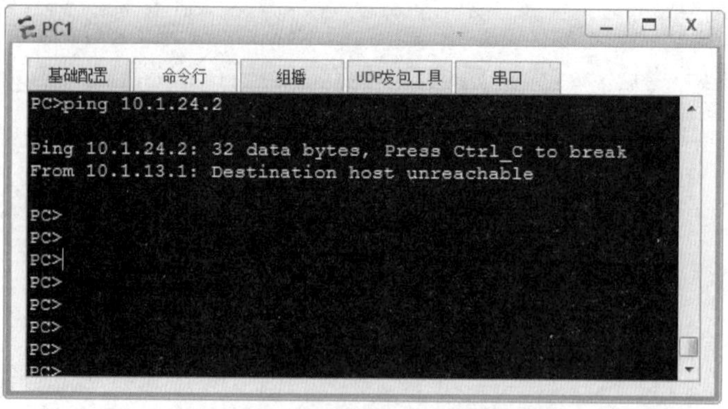

图 1.5.42　PC1 与 PC2 连通性测试

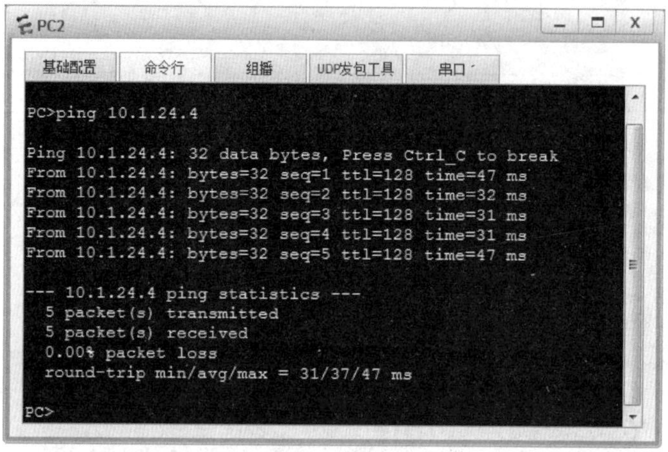

图 1.5.43　PC2 与 PC4 连通性测试

从建立的拓扑结构图进一步分析发现，PC1 与 PC3 所在的销售部的网络为 10.1.13.0/24，PC2 与 PC4 所在的财务部网络为 10.1.24.0/24，销售部和财务部分别处于不同的网络中。

从目前的网络规划来看，两个网络之间无法正常通信，因为这两个部门处在两个不同的网络中，要解决这个问题，有两种方案可以采纳：第一，重新规划 IP 地址，使四台 PC 终端处于同一个网络中；第二，添加路由器设备，让路由器帮助数据包能够在两个网络之间穿梭，以达到网络之间可以互相通信的目的，感兴趣的读者可以进一步学习相关的网络技术。

实验六　系统安全

一、实验目的

1. 理解计算机安全的重要性；
2. 掌握计算机安全防范的基本方法。

二、实验要点

锁定计算机系统和设定密码。

三、实验内容

（1）锁定计算机

【步骤】

① 同时按下 Ctrl+Alt+Delete 组合键。

② 单击"锁定该计算机"选项，Windows 7 显示计算机已锁定对话框。

（2）更改密码

【步骤】

① 同时按下 Ctrl+Alt+Delete 组合键。

② 单击"更改密码"选项，根据提示更改系统密码。

（3）使用屏幕保护程序密码来保护文件

【步骤】

① 在桌面上右击，选择"个性化"命令，在弹出的窗口中单击"屏幕保护程序"选项。

② 在"屏幕保护程序设置"窗口下的"屏幕保护程序"选项卡上，从列表中选择屏幕保护程序。

③ 如果需要在屏保停止后输入密码才能恢复到桌面，选择"在恢复时显示登录屏幕"复选框，完成后按"确定"按钮。

1.6 Dreamweaver 实验

实验一 Dreamweaver 界面和文件操作

一、实验目的
初步掌握 Dreamweaver 的界面，掌握文件的基本操作。

二、实验要点
了解常用面板及菜单功能，熟悉对文件的操作。

拓展资源 6-1：
Dreamweaver 简介

三、实验内容
1. 熟悉 Dreamweaver CS5 界面

【操作提示】 在 Dreamweaver CS5 界面下，主要涉及标题栏对布局进行视图模式的切换、菜单栏中各种命令的调用。各浮动面板组对网页元素，如表单、数据等的具体操作。

2. 文件操作

【步骤】

（1）打开文件

在 Dreamweaver CS5 中，如果要编辑已存在的文件，就要先打开它。用 Dreamweaver CS5 保存的静态网页文件以 .html 为扩展名。选择"文件→打开"命令，在弹出的对话框中选择要打开的文件即可，如图 1.6.1 所示。

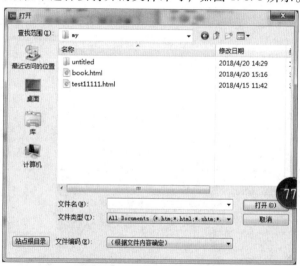

图 1.6.1 "打开"对话框

（2）新建文件

要进行新的创作时，可以新建一个文件。在每次打开 Dreamweaver CS5 时，系统都会自动弹出"新建文档"的对话框。在该对话框中，可以选择自己需要的文件类型，如图 1.6.2 所示。

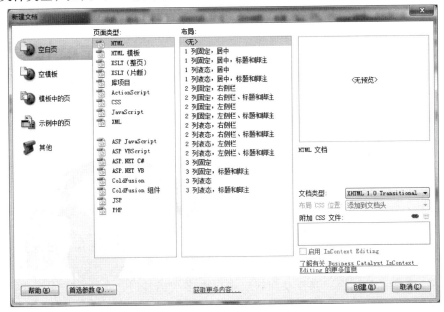

图 1.6.2　新建文档

（3）保存文件

当制作好了一个网页，并且想要保存时，可以执行"文件"→"保存"命令，或者直接单击"保存"按钮。在弹出的"保存"对话框中选择要保存的路径，并输入文件名即可。

微视频 6-1：
网页中文字设置

实验二　Dreamweaver 浮动面板组

一、实验目的
进一步熟悉 Dreamweaver 的浮动面板组，了解各面板组的各种操作。

二、实验要点
认识 Dreamweaver 的浮动面板组，掌握各面板组的操作方法。

微视频 6-2：
租车网页制作

三、实验内容
1. 几个主要图标的设置

【操作提示】　Dreamweaver CS5 中浮动面板组位于工作界面右侧，根据实际操作需要，可以插入面板，自定义浮动面板。对照主教材学习文件面板、属性面板等面板的操作。

2. 面板操作与设置

【步骤】

（1）插入面板

Dreamweaver CS5 中的插入面板位于浮动面板组中，其作用是在网页中插入各种元素，包括"常用""布局""表单""数据"等。下面将重点对插入面板的各种操作进行详细介绍。

拓展案例 6-1：葡萄酒网页

① 打开插入面板：执行"窗口"→"插入"菜单命令或按 Ctrl+F2 组合键。

② 展开插入面板：双击插入面板的"插入"标签可展开其中的内容，再次双击可折叠其中的内容。

③ 关闭插入面板：在"插入"标签上右击，在弹出的快捷菜单中选择"关闭"命令。

拓展案例 6-2：鲜花速递网页

④ 切换插入面板：插入面板中默认显示的是"常用"插入栏，如需切换到其他类别，可在展开插入栏后，单击"常用"按钮，在弹出的列表中选择相应的类别。

（2）自定义浮动面板

在 Dreamweaver CS5 中的浮动的面板中，可进行折叠、托运、更改折叠次序、删除和关闭等操作。

拓展实验 6-1：字体设置

① 切换浮动面板：当浮动面板组中包含多个标签时，单击相应的标签即可显示对应的浮动面板内容。

② 移动浮动面板：拖曳某个浮动面板标签至该浮动面板组或其他浮动面板组上，当出现蓝色框线后释放鼠标即可移动该浮动面板。

拓展实验 6-2：项目列表

（3）站点的设置

① 创建本地站点：执行"站点"→"新建站点"命令，在打开对话框的"站点名称"文本框中输入站点名称。单击"本地站点文件夹"文本框右侧的"浏览文件夹"按钮，打开"选择根文件夹"对话框，选择相应的文件夹。

微视频 6-3：会员注册网页制作

② 编辑站点：执行"站点"→"管理站点"命令，打开"管理站点"对话框，在其中的列表框中选择需要编辑的站点。在打开的对话框左侧单击"高级设置"选项旁的 ▶ 按钮。进行相关编辑工作。

③ 删除站点：不需要的站点应及时删除，这样不仅便于管理，而且也能释放更多资源。删除站点的方法为：打开"管理站点"对话框，在列表框中选择要删除的站点，单击"删除"按钮即可。

1.7 Flash 实验

实验一 Flash 基本操作

一、实验目的
掌握对帧、图层、创建元件的操作方法。

二、实验要点
对帧与图层的创建、编辑和复制方法，创建图形元件、按钮和影片剪辑的基本技术。

三、实验内容
1. 帧操作（创建帧、创建空白关键帧、创建过渡帧、编辑帧、复制与粘贴帧的方法）；图层操作（新建图层、编辑图层、删除图层）。

【操作提示】 对照教材学习帧操作和图层操作。

2. 创建元件操作（图形元件、按钮、影片剪辑）

（1）新建图形元件

在一个动画制作中，如果某一个图形对象要在不同的地方重复使用，则为了避免在不同的地方再画出这个图形，就可以把它以图形元件的形式存放，这样在要用到它时直接从"窗口"→"库"里面拖出它即可。

单击"插入"→"新建元件"命令，在弹出的对话框中选择"图形"，如图 1.7.1 所示，进入图形编辑界面，在这里可以设计自己的图形或者导入外部图片，使得它以图形元件的形式存在。

（2）新建按钮

各种交互式按钮是 Flash MX 的一大特色。在 Flash MX 中可以很轻易地创建出想要的按钮。单击"插入"→"新建元件"命令，在弹出对话框中选择"按钮"，如图 1.7.2 所示。

拓展实验 7-1：
小企鹅不倒翁

拓展案例 7-1：
坐月亮的小熊

拓展案例 7-2：
引导图层

拓展实验 7-2：
碰撞的小球

图 1.7.1 创建新元件对话框

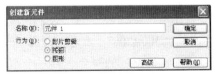

图 1.7.2 创建新按钮对话框

进入按钮编辑界面后，在时间轴位置出现 4 个帧，"弹起""指针经过""按下"和"点击"，如图 1.7.3 所示。下面以制作一个椭圆按钮为例进行介绍。

首先，单击"弹起"帧，在舞台上画一个椭圆，并对它进行填充。这里把它填充成红色，如图1.7.4所示。接着在"指针经过"里插入关键帧，并在该帧中将椭圆换成黄色，如图1.7.5所示。在

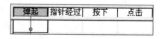

图1.7.3　进入按钮编辑界面

"按下"里插入关键帧，然后使椭圆变成蓝色，如图1.7.6所示。接着在"点击"里插入关键帧，这时可以把椭圆改成其他的颜色，也可以不改。

这样一个基本的按钮就做好了，按钮在初始状态如图1.7.4所示。当指针移到按钮上时，变成图1.7.5，当单击按钮时，按钮变成图1.7.6，单击的瞬间按钮为图1.7.7所示状态。

图1.7.4　状态1 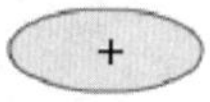　　　　图1.7.5　状态2 　　　　图1.7.6　状态3 　　　　图1.7.7　状态4

（3）新建一个影片剪辑

在图1.7.2中，选择"影片剪辑"项，就可以进入影片剪辑的编辑界面。影片剪辑的功能是把要重复用到的一小段动画单独存储起来，影片剪辑元件不论在什么位置都将以动画的形式存在。影片剪辑的具体运用将在操作测试里看到。本文只是列举了Flash MX里一些常用的操作，还有一些其他操作可以参看主教材或其他的参考书籍。

实验二　简单的动画制作

一、实验目的
帮助学生初步掌握用Flash制作简单动画的综合技能。

二、实验要点
图形的创建和插入关键帧的方法，创建补间动画，添加引导层，创建按钮和插入动作的基本方法。

拓展实验7-3：
动画播放命令的
应用

三、实验内容
制作一个带按钮，并且沿着特定路线运动的小球。

【步骤】

① 单击"修改"→"文档"命令，在弹出的对话框中将背景改成红色，尺寸改成"300×200"，如图1.7.8所示。

② 在修改后的舞台上画一个圆形，对其填充为黄色，并选中小球，在"修改"中选择"组合"（在左边的工具箱中选择画圆工具和填充工具可实现），如图1.7.9所示。

图 1.7.8 步骤 1

图 1.7.9 步骤 2

③ 在第 30 帧处右击，在弹出的快捷菜单中选择"插入关键帧"命令，如图 1.7.10 所示。

④ 在第 30 帧的舞台上将圆移到舞台另一侧，如图 1.7.11 所示。

图 1.7.10 步骤 3

图 1.7.11 步骤 4

⑤ 在第 1 帧上右击，在弹出的快捷菜单中选择"创建补间动画"命令，如图 1.7.12 所示，则在第 1 帧和第 30 帧间形成一条实线箭头，如图 1.7.13 所示，箭头为实线，表明这段动画没有错误。

图 1.7.12 步骤 5

图 1.7.13 步骤 6

⑥ 这时按下 Ctrl+Enter 组合键，可以看到一个小球水平移动的动画。

如果觉得这个动画太简单，可以给它再添入一些复杂的元素。

⑦ 在时间轴左上角找到添加"引导层"图标，如图 1.7.14 所示，顾名思义，所谓"引导层"就是可以引导动画运动的图层。单击添加"引导层"按钮，就会看到在"图层 1"上面出现了一个名为"引导层"的图层，如图 1.7.15 所示。

图 1.7.14 步骤 7

图 1.7.15 步骤 8

⑧ 在引导层中画一个如图 1.7.16 所示的折线，并将第 1 帧中的圆移到折线左端。

⑨ 在第 30 帧中将小球移动到折线右端，如图 1.7.17 所示。

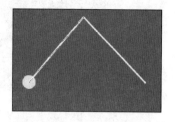

图 1.7.16　步骤 9

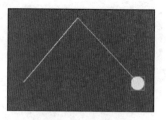

图 1.7.17　步骤 10

⑩ 此时，按下 Ctrl+Enter 组合键，可以看到原来水平移动的小球现在沿着折线轨迹运动。下面再加入一些复杂的元素。

⑪ 单击"插入"→"新建元件"命令，在弹出的对话框中选择"按钮"项，如图 1.7.18 所示。

图 1.7.18　步骤 11

⑫ 按照创建元件操作的步骤提示中创建按钮的方法，设置按钮的 4 种状态，如图 1.7.19~图 1.7.22 所示。

图 1.7.19　按钮 1

图 1.7.20　按钮 2

图 1.7.21　按钮 3

图 1.7.22　按钮 4

⑬ 单击左上角的" 场景1 "，回到舞台中来。

⑭ 打开"窗口"→"库"，将刚才制作的按钮" 元件1 "拖到第 1 帧上，如图 1.7.23 所示。

⑮ 在第 2 帧插入一个关键帧，则补间动画现在从第 2 帧开始，如图 1.7.24 所示。

⑯ 在第 1 帧上右击鼠标，在弹出的快捷菜单中选择"动作"命令，如图 1.7.25 所示。

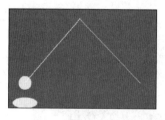

图 1.7.23　步骤 12

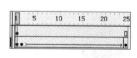

图 1.7.24　步骤 13

图 1.7.25　步骤 14

⑰ 在弹出的动作面板中输入"stop( )"，如图 1.7.26 所示。这样动画在开始就会停在第 1 帧，而不会继续执行。

⑱ 然后在第 1 帧中用鼠标单击按钮，如图 1.7.27 所示。

图 1.7.26　步骤 15

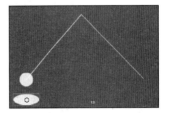

图 1.7.27　步骤 16

⑲ 在按钮上右击，在弹出的快捷菜单中选择"动作"命令，如图 1.7.28 所示。

⑳ 在弹出的动作面板中输入

```
on( press)
{
    play( );
}
```

表示当单击按钮时，执行动作"play"，使得动画得以执行，如图 1.7.29 所示。

图 1.7.28　步骤 17

图 1.7.29　步骤 18

㉑ 这样，一个基本的包含按钮的动画就做好了。

㉒ 按下 Ctrl+Enter 组合键，就可以看到这个动画的执行结果，如图 1.7.30 所示。

图 1.7.30　步骤 19

当单击按钮时，球就开始沿折线运动。这样，一个带按钮，并且沿着特定路线运动的小球就做好了。还可以在其中加入音乐等元素，请大家课后练习。

1.8 Photoshop 实验

实验一 Photoshop 基本操作

一、实验目的

认识 Photoshop 的基本功能,掌握对文件、选区、图像和图层的基本操作。

二、实验要点

掌握 Photoshop 界面中提供的基本功能,学会选区、图像和图层操作的基本方法。

三、实验内容

1. 认识 Photoshop 基本界面

【操作提示】 对照主教材熟悉"文件""编辑""图像""滤镜""图层""视图""帮助"和"工具箱"的有关功能。

2. 文件的基本操作

（1）新建文件

单击"文件"→"新建"命令,弹出如图 1.8.1 所示的对话框。在这里可以设定文件名和图像的高和宽,还可以自定义分辨率和选择颜色模式。在"内容"下面可以设置背景颜色。如图 1.8.1 所示选择的是透明色。单击"好"按钮,进入如图 1.8.2 所示的文件界面。

拓展资源 8-1:
图像大小与画布大小的关系

图 1.8.1 背景颜色设置

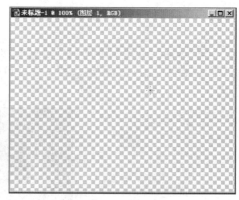

图 1.8.2 文件界面

（2）打开图像

要打开已存在的图像,可以单击"文件"→"打开"命令,在弹出的对话框中选择要打开的文件,如图 1.8.3 所示。选择文件后就可在 Photoshop 中打开。

图 1.8.3　选择文件

（3）保存图像文件

当一幅图像创建完成之后，就要把它进行保存。

拓展资源 8-2：
保存文件

① 单击"文件"→"存储"命令，如果文件已经存在，则系统直接把该文件覆盖。

② 如果图像文件没有保存或另存，则选择"文件"→"存储为"命令，这时可以把文件按照指定的路径和指定的格式存储。

③ 有时为了避免原来的图片被覆盖，可以选择保存副本，这样修改过的文件就以原文件的副本形式保存。

（4）将图像文件保存为 Web 页面

在 Photoshop 7.0 中，新增了一项功能就是把图片保存为页面的形式。首先，单击"文件"→"存储为 Web 所用格式"命令，弹出如图 1.8.4 所示窗口。在对话框中有很多设置，可以将原图像和优化后的图像进行对比。还可以对图像的大小、颜色、格式、文档质量的高低等进行设置。然后，单击"存储"按钮，在弹出的对话框中选择格式为 htm，则当前图像就被保存到网页中。

3. 选区操作

拓展实验 8-1：
放倒瓶子

【操作提示】 Photoshop 中，在对图像进行编辑之前，要先选择工作区域，对图像的编辑只在工作区域内有效。常用的选区工具有矩形工具、索套工具、魔棒工具、路径选择工具。

（1）矩形工具

在矩形工具　下有椭圆工具等一系列的工具可供选择。右键单击矩形框工具，弹出如图 1.8.5 所示快捷菜单。

图 1.8.4 图像设置

以矩形选框工具为例，选择图形区域，进行颜色填充。在图 1.8.5 上选择矩形选框工具，将图像上需要选择的区域选中，如图 1.8.6 所示。

- 选择"矩形选框工具"可以在图形上选择矩形区域。
- 选择"椭圆选框工具"可以在图形上选择椭圆区域。
- 选择"单行选框工具"可以在图形上选择单行像素对象。
- 选择"单列选框工具"可以在图形上选择单列像素对象。

图 1.8.5 工具快捷菜单　　　　　　图 1.8.6 步骤 1

要对选中区域进行颜色填充，先在左边工具箱中选择当前颜色框，如图 1.8.7 所示，并将颜色改成红色，如图 1.8.8 所示。

图 1.8.7　步骤 2　　　　　　　　　　　图 1.8.8　步骤 3

单击"好"按钮，这样当前颜色就被改成了红色。

然后，单击"编辑"→"填充"命令，在弹出的对话框中选择使用"前景色"，对选区部分进行填充，如图 1.8.9 所示，效果如图 1.8.10 所示。

图 1.8.9　步骤 4　　　　　　　　　　图 1.8.10　步骤 5

选择"椭圆选框工具""单行选框工具""单列选框工具"的操作与矩形选框工具一样。

（2）套索工具

右键单击套索工具 ，弹出如图 1.8.11 所示快捷菜单，有"套索工具""多边形套索工具"和"磁性套索工具"3 个选项。选择"套索工具"可以在图形上选择任意形状选区，在勾勒图形轮廓时有很好的作用。打开一个图形，然后用"套索工具"勾勒出需要选择的区域，如图

图 1.8.11　套索工具
快捷菜单

1.8.12 所示。选择"多边形套索工具"，建立多边行选区，如图 1.8.13 所示。用"磁性套索工具"，能捕捉复杂图形的边框，创建的控制点可以贴附在图像对比最强烈的地方，如图 1.8.14 所示。

图 1.8.12　效果 1　　　　　　　图 1.8.13　效果 2

（3）魔棒工具

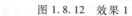

魔棒工具 ✎ 的工作原理是选择相同或相近的颜色。可以很方便地选择大片颜色相近的区域，效果如图 1.8.15 所示。

图 1.8.14　效果 3　　　　　　　图 1.8.15　效果 4

拓展实验 8-2：
梦幻天空

4. 图像操作

【步骤】

① 可以在文件里直接进行创作，也可以直接打开一幅图片文件进行编辑。例如打开一幅图片，如图 1.8.16 所示，选择裁剪工具 ✁，将途中的汽车区域选择出来，如图 1.8.17 所示。

② 此时图片的汽车区域以外的部分将变暗，将汽车选区突出出来。单击工具箱上任何一个按钮，在弹出的对话框中选择"裁剪"命令，如图 1.8.18 所示。则当前文件大小将变得刚好容纳汽车选区部分，并且选区以外的部分被裁剪掉了，效果如图 1.8.19 所示。

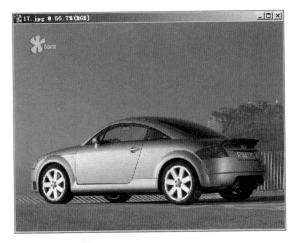

图 1.8.16 一幅图片

图 1.8.17 选择汽车区域

图 1.8.18 选择对话框

图 1.8.19 效果图

③ 在"滤镜"菜单中选择一种特效对图像进行处理。例如，单击"滤镜"→"扭曲"→"旋转扭曲"命令，在弹出的修改对话框中可以修改扭曲的程度，并且还可以预览扭曲后的效果，如图 1.8.20 所示。单击"好"按钮，最后的汽车效果如图 1.8.21 所示。

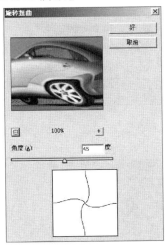

图 1.8.20 预览扭曲后效果

图 1.8.21 扭曲后效果

④ 可以根据需要对图像进行缩放、旋转、艺术处理等操作，这些在菜单栏里都可以找到对应的选项，就不再一一介绍。

5. 图层操作

Photoshop 中，当用户粘贴图像或创建文字时，系统都会自动创建一个新的图层容纳这些对象，用户也可以根据需要自己创建新图层。

拓展资源 8-3：
图层混合模式

拓展实验 8-3：
制作水滴效果

【步骤】

（1）创建新的图层

单击"图层""通道""路径"信息面板，如图 1.8.22 所示。单击右边的黑色小三角，在弹出的菜单中选择"新图层"命令。之后在面板上会出现一个新的图层标号，标记为"图层 1"，也可以自己给图层取一个有意义的名字。在"图层 1"里面使用文字输入符号 T，在图片上合适的地方加上文字，如图 1.8.23 所示。

图 1.8.22　信息面板

图 1.8.23　加上文字效果

（2）图层的编辑

① 图层顺序

当图层的顺序不同时，在窗口里显示的对象也不同。当文字图层在汽车图层上时，可以看到图片上有文字出现。但当把文字图层移动到汽车图层下时，文字就被汽车图片挡住了，如图 1.8.24 和图 1.8.25 所示。选择面板上的"不透明度"值，值越小，则图像越透明。

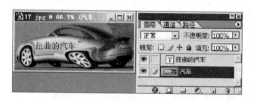

图 1.8.24　效果 1

图 1.8.25　效果 2

② 图层的显示和隐藏

在面板上，每一个图层的左边都有一个小图标 ，也就是选择是否隐藏图层。单击该图标，当图标 变得不可见时，对应的图层就被隐藏，里面的内容

则变成不可见状态，如图 1.8.26 所示。要取消隐藏，只要在原图标位置再单击一次即可。

图 1.8.26　图层被隐藏

③ 图层的重命名、复制、删除、锁定

a. 重命名图层：新建图层时，系统使用是默认的名称。新建完图层之后，可以给它改名。具体做法是双击面板上的图层名称，当前图层名字变成可选状态。此时直接改名就可以了。

b. 复制图层：要对一个图层的内容进行复制，可以在该图层上直接单击右键，在弹出的快捷菜单中选择"复制图层"命令。系统提供的默认名为"扭曲的汽车　副本"，如图 1.8.27 所示。复制后的图层和以前的图层是重叠在一起的，要移动图层位置才可以看到复制的效果。

图 1.8.27　复制图层

c. 删除图层：当某一个图层的内容不需要之后，可以选择面板右下角的垃圾桶图标删除它。

d. 锁定图层：一个图层里的内容已经编辑完毕，为了防止编辑其他对象时改动了它，可以选择把该图层锁定。具体方法是选择面板左上角的锁定图标 🔒。要解除锁定，只需要在原位置再单击一次即可。

④ 设置图层效果

Photoshop 提供了很多的特殊效果可以用到图层上。具体做法是选择一个要修改的图层，然后选择"图层"→"图层样式"命令，在弹出的快捷菜单中选择图层的特殊效果，例如在汽车图层上选择"斜面和浮雕"，然后在弹出的对话框中对显示效果进行设置，如图 1.8.28 所示。其他的特效也可以用相似的操作完成。

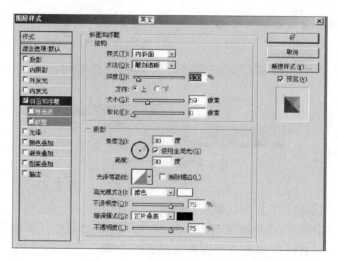

图 1.8.28 "图层样式"对话框

实验二 综合效果设计

一、实验目的
帮助学生初步掌握使用 Photoshop 解决实际问题的基本技能。

拓展实验 8-4：
蝴蝶苹果

二、实验要点
掌握 Photoshop 中常用的基本技能，学会渐变、滤镜和图层操作的基本方法。

三、实验内容
制作一个模仿自然界的风雪效果的图片。

【步骤】

① 单击"文件"→"新建"命令，在弹出的"新建"对话框中设置文档高度为 15 cm，宽度为 12 cm。接下来选择渐变按钮，设置前景色为深蓝色，背景色为浅蓝色，用鼠标在背景上从上到下画一条直线，得到蓝色渐变背景。

② 打开一个图像文件，将该图像复制到新文件中，如图 1.8.29 所示。打开图层面板的下拉式菜单，选择"向下合并"命令，然后用鼠标拖动当前图层到创建新图层按钮，将其复制为"背景副本"图层。

图 1.8.29 图像文件

③ 单击"滤镜"→"像素化"→"点状化"命令，在弹出的"点状化"对话框中设置数值为"6"，如图 1.8.30 所示。单击"好"按钮，图像点状化后

的效果如图 1.8.31 所示。

图 1.8.30 "点状化"对话框

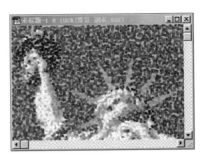

图 1.8.31 点状化效果

④ 单击"图像"→"调整"→"阈值"命令，在弹出的"阈值"对话框中设置数值为"150"，如图 1.8.32 所示，此时产生的效果如图 1.8.33 所示。

图 1.8.32 "阈值"对话框

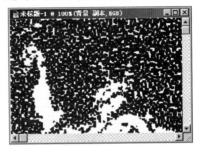

图 1.8.33 使用阈值后效果

⑤ 在图层面板中选择模式为"屏幕"，然后单击"滤镜"→"模糊"→"动感模糊"命令，在弹出的"动感模糊"对话框中设置角度为"45"、距离为"12"，如图 1.8.34 所示。单击"好"按钮产生如图 1.8.35 所示的效果。

图 1.8.34 "动感模糊"对话框

图 1.8.35 产生最后效果

⑥ 最后选择图层面板下拉菜单中的"拼合图层"命令，拼合图层完成创作。

1.9 "Access 数据库基础"实验

实验一 数据库和数据表的创建与使用

一、实验目的
1. 掌握创建数据库的基本方法;
2. 熟悉 Access 数据库的基本组成;
3. 掌握建立数据表的常用方法;
4. 掌握修改数据表结构,数据的排序、记录的筛选等基本操作。

二、实验要点
1. 创建数据库;
2. 建立数据表;
3. 修改"学生"数据表的结构;
4. 数据的排序和记录的筛选。

拓展资源 9-1:
数据库设计

三、实验内容
1. 创建数据库

【步骤】

① 启动 Access。单击"开始"→"所有程序"→"Microsoft Office"→"Microsoft Access 2010"命令,启动 Access 2010,打开 Access 窗口,如图 1.9.1 所示。

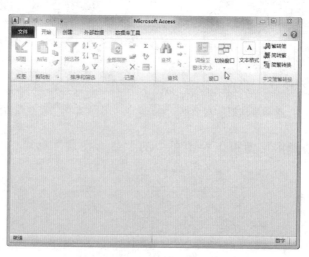

图 1.9.1 Access 应用程序窗口

② 创建空数据库文件。单击"文件"→"新建"命令，显示新建窗格，如图 1.9.2 所示，单击"空数据库"，在"文件名"文本框中输入"student"。图 1.9.3 所示为创建的一个空数据库。

案例素材 9-1：student

图 1.9.2 "新建"窗格

图 1.9.3 "student"数据库

2. 建立数据表

【步骤】

① 在数据库主窗口中，单击"创建"→"表"按钮，打开如图 1.9.4 所示的新建表窗口。

② 用数据表视图建立"学生"表

a. 创建表窗口默认为数据表视图，打开名为"表 1"的数据表视图窗口，如图 1.9.5 所示。

图 1.9.4　新建表窗口

图 1.9.5　数据表视图窗口

　　b. 输入字段名。在此视图中，各字段使用默认的名称，即字段 1、字段 2 等，当双击某个名称时，该字段反相显示，这时可输入用户命名的字段名，如"学号""姓名"等。

　　c. 在记录区输入图 1.9.6 所示的数据。

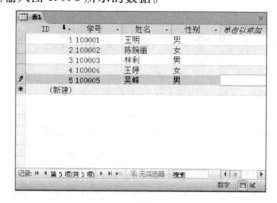

图 1.9.6　数据表

d. 数据输入完毕，单击"文件"→"保存"命令，打开"另存为"对话框。在该对话框中输入数据表名称"学生"。单击"确定"按钮，结束数据表的建立，如图 1.9.7 所示。数据表"学生"建立完成，表对象中出现该表的名称。

拓展资源 9-2：
数据记录操作

图 1.9.7 "学生"表

③ 用设计视图建立"图书借阅"表

a. 单击图 1.9.4 窗口中的"创建"→"表"按钮，选择"开始"→"视图"→"设计视图"，打开设计视图窗口，如图 1.9.8 所示。

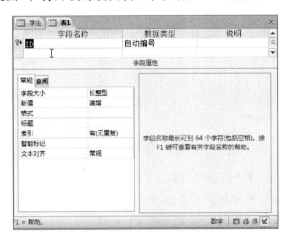

图 1.9.8 设计视图窗口

b. 在"字段名称"栏第 1 行输入"学号"，单击"数据类型"框，该框右边出现下拉列表框箭头。单击下拉列表框箭头，打开下拉列表框，在其中选择"文本"，第一个字段设计完成。

c. 从第 2 行开始依次输入其他字段，名称分别为"书名""借阅日期"，类型分别为"文本""日期/时间"。

d. 选择"文件"→"保存"命令进行保存，重命名数据表名称为"图书借阅"。此时表结构建立完毕。

e. 在数据库主窗口中可以看到新建的表，如图 1.9.9 所示。双击"图书借阅"即可将该表打开，然后在数据表视图下继续数据录入，最终建立的数据表视图如图 1.9.10 所示。

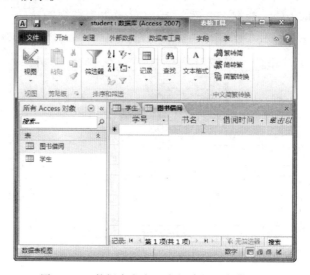

图 1.9.9 数据库主窗口中新建的图书借阅表

图 1.9.10 "图书借阅"数据表

3. 修改"学生"数据表的结构

（1）将"学号"的字段类型改为文本型；

（2）将"学号"字段定义为主关键字；

（3）添加一个新的字段：年龄，数字型；

（4）将"年龄"字段的有效性规则设置为：>=16 and<=23。

【步骤】

① 数据库主窗口中选中"学生"数据表。右击快捷菜单中的"设计视图"命令，打开表设计器，该窗口显示表的结构。在表设计器中单击"学号"字段数据类型框，出现下拉箭头，打开下拉列表框，在其中选择"文本"，将该字段类型改为文本型。

② 单击"学号"字段名左边的方框选择此字段，此方框出现"▶"。单击工具栏上的"主键"按钮 ，将此字段定义为主关键字段。

③ 在数据库主窗口中选中"学生"数据表。在原有字段后加入一个新的字段"年龄"，其数据类型为数字型，然后单击保存按钮 。返回到"学生"数

据表，可以看到在该表中增加了一个年龄字段，为每条记录添加其年龄。

④ 在数据库主窗口中选中"学生"数据表，单击"设计视图"。在设计视图的字段名称中选择"年龄"字段。在字段属性选项组的"常规"选项卡的"有效性规则"框内输入"> = 16 and< = 23"。

4. 数据的排序和记录的筛选

（1）按年龄字段对"学生"数据表按升序排序；

（2）在"学生"数据表中筛选所有女生的记录。

【步骤】

① 数据表视图下显示"学生"数据表。选择排序关键字"年龄"，单击工具栏上的"升序"按钮 进行排序。

② 在数据表视图中，将光标放在"性别"字段中任意一个字段值为"女"的单元格中，右击快捷菜单中的"等于"女""命令，筛选结果如图 1.9.11 所示。

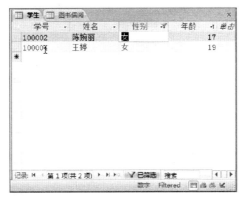

图 1.9.11 "学生"数据表筛选出所有的女生记录

实验二 查询

一、实验目的

1. 掌握 Access 数据库中利用设计视图创建查询的方法；

2. 理解常用的 SQL 语句。

二、实验要点

1. 利用设计视图创建查询；

2. 常用的 SQL 语句。

三、实验内容

1. 利用设计视图创建查询

在"student"数据库中查询借阅高等数学的情况，显示的列标题为学号、书名、借阅日期。查询名为"高等数学借阅情况"。

【步骤】

① 在数据库窗口单击"创建"→"查询"→"查询设计"按钮后，打开"查询1"窗口。

② 同时出现"显示表"对话框，如图1.9.12所示。

图 1.9.12 "显示表"对话框

③ 在"显示表"对话框中选择查询所用的"图书借阅"表，选择后单击"添加"按钮，关闭此对话框，打开设计视图窗口。

④ 在设计视图窗口中，将3个字段从表中拖动到字段区，并在书名与条件交叉的单元格输入"高等数学"，如图1.9.13所示。

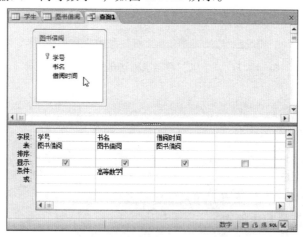

图 1.9.13 查询设计视图窗口

单击"运行"按钮，观察屏幕上显示的查询结果，如图1.9.14所示。

2. 常用的 SQL 语句

用设计视图建立一个查询后，如果切换到 SQL 视图，会发现在 SQL 视图中也有了对应的 SQL 语句，如图1.9.15所示。

图 1.9.14 查询结果

图 1.9.15 SQL 视图窗口

（1）Select 语句

例如，从"学生表"中查找所有女生记录，查询结果只包括学号、姓名，采用的 Select 语句如下：

Select 学号,姓名 From 学生表 Where 性别="女"

（2）Insert 语句

例如，在"学生表"中插入一个记录，采用的 Insert 语句如下：

Insert Into 学生表(学号,姓名,性别)Values("100006","刘萍","女")

（3）Delete 语句

例如，删除"学生表"中性别为"男"的所有记录，采用的 Delete 语句如下：

Delete From 学生表 Where 性别="男"

实验三　创建窗体

一、实验目的
1. 掌握用自动创建窗体来创建表格式窗体的方法；
2. 掌握利用向导创建窗体的方法。

二、实验要点
1. 用自动创建窗体来创建表格式窗体；
2. 利用向导创建窗体。

三、实验内容
1. 用自动创建窗体来创建表格式窗体

【步骤】

① 在数据库窗口中，选择用来创建窗体的表，如图 1.9.16 所示。

② 单击"创建"→"窗体"→"窗体"按钮，即可显示出创建的窗体，如图 1.9.17 所示。

图 1.9.16 选择表

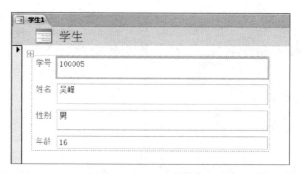

图 1.9.17　自动创建窗体

2. 利用向导创建窗体

利用"窗体向导"创建窗体，数据源是"学生"表。

【步骤】

① 单击"创建"→"窗体"→"窗体向导"按钮，如图 1.9.18 所示。

图 1.9.18　单击"窗体向导"按钮

② 弹出"窗体向导"对话框。在下拉列表中选中"学生"表数据源，如图 1.9.19 所示。

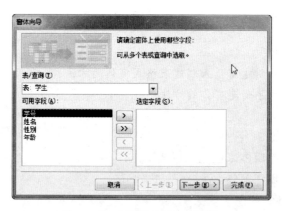

图 1.9.19　"窗体向导"对话框

③ 在"可用字段"列表框中显示的是可以使用的字段名称，可将其添加到"选定字段"列表框中，若要将"可用字段"列表框中的所有字段添加到"选定字段"列表框中，单击 >> 按钮；若将某个字段加到"选定字段"列表框，选中字段后，单击 > 按钮。"选定字段"列表框中的字段还可通过单击 < 和 << 按钮放回到"可用字段"列表框中。字段选择后，单击"下一步"按钮，出现窗

体布局对话框,如图 1.9.20 所示。

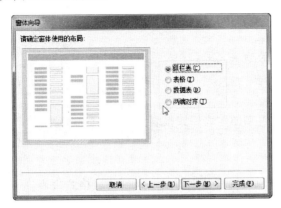

图 1.9.20 窗体布局对话框

④ 窗体布局对话框提供了有关窗体布局的选择,选择一种布局后,单击"下一步"按钮,打开输入窗体标题对话框,如图 1.9.21 所示。

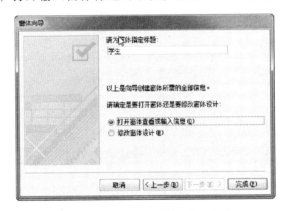

图 1.9.21 输入窗体标题对话框

⑤ 在对话框中输入窗体的标题,单击"完成"按钮。

这样,窗体建立完毕,屏幕上显示出窗体的执行结果,如图 1.9.22 所示,这时可分别单击记录指示器的◀、▶、◀、▶等按钮,逐条显示或修改记录,也可以输入新的记录。

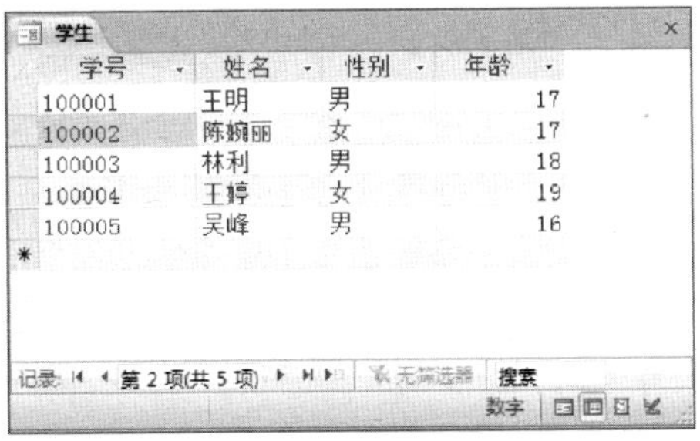

学号	姓名	性别	年龄
100001	王明	男	17
100002	陈姗丽	女	17
100003	林利	男	18
100004	王婷	女	19
100005	吴峰	男	16

记录 ◀ 第 2 项(共 5 项) ▶ ▶ 无筛选器 搜索

图 1.9.22 使用向导建立的窗体

实验四　创建报表

一、实验目的

掌握创建报表的方法。

二、实验要点

用自动创建报表来创建表格式报表。

三、实验内容

对“图书借阅”表用自动创建报表来创建表格式报表。

【步骤】

① 在数据库窗口中，选择用来创建报表的表，如图 1.9.23 所示。

② 单击“创建”→“报表”→“报表”按钮，即可显示出创建的报表，如图 1.9.24 所示。

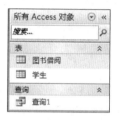

所有 Access 对象
搜索...
表
图书借阅
学生
查询
查询1

图 1.9.23　选择表

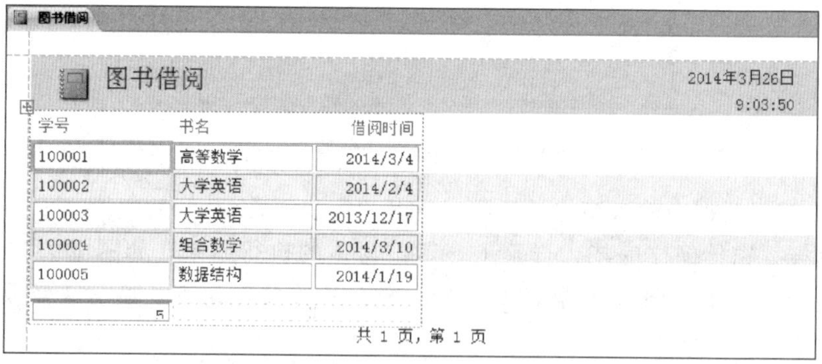
图书借阅
图书借阅
2014年3月26日
9:03:50
学号
书名
借阅时间
100001
高等数学
2014/3/4
100002
大学英语
2014/2/4
100003
大学英语
2013/12/17
100004
组合数学
2014/3/10
100005
数据结构
2014/1/19
5
共 1 页，第 1 页

图 1.9.24　创建的报表

操作测试篇

2.1 "操作系统"测试题

一、基本操作

1. 修改"计算机""网上邻居""回收站""我的文档"的图标。

2. 设置屏幕保护程序为"三维文字",自己输入一些文字,等待时间设为 3 min。

3. 把活动窗口标题的颜色设置为"蓝色"到"青色"的过渡。

4. 用画图软件自绘一幅图片,绘制完成后以"背景 .bmp"为名保存,然后把这张图片作为桌面背景,并采用"居中"的显示方式。

5. 把显示菜单和工具提示的动画效果设置为"滚动效果"。

6. 在 D 盘建立一个文件夹,取名为你自己的姓名。然后把所建文件夹作为"我的文档"的目标文件夹。

7. 删除智能 ABC 输入法,并添加区位码汉字输入法。

8. 对全拼输入法作下列设置:取消词语联想功能,把检索字符集改为 GB2312。

9. 退出 Windows 10 的声音设置为幻想空间。

10. 用 Windows 媒体播放器播放一段音乐(音乐自选),并用录音机程序录制其中一段作为 Windows 10 的启动音乐。

11. 记下你所使用计算机的网卡、声卡、显示卡的型号以及内存容量。

12. 记下你所使用计算机的名称及其所属工作组名。

13. 把"华文彩云"字库文件复制到 D 盘,把这个字库删除后重新安装。

14. 用记事本在 D 盘建立一个名为"提醒"的文档,内容为"注意休息,不要太累啦!",并把文字设置为楷体、初号。

15. 建立一个以"提醒"为名的任务计划,过 3 min 自动打开上题建立的"提醒"文档,并设置为"一次性"。

16. 建立一个以"浏览"为名的任务计划,每天每隔 5 min 自动运行 IE 浏览器,设置持续时间为 1 小时 30 分。

17. 把鼠标指针方案设置为"恐龙"。

18. 在计算机中添加一台"Star AR-3200II"打印机,并设置默认纸张大小为 B4。

19. 利用 Windows 提供的计算器程序,进行下列运算:

(1) 数制转换

$(35756)_{10} = ($ 　　 $)_{16}$ 　　 $(111101100011100)_2 = ($ 　　 $)_{10} = ($ 　　 $)_{16}$

(2) 计算 $(100010000)_2 - (111011)_2 + (11000110)_2$

$(6D8F3)_{16} - (342)_8 - (1001001)_2 - (123)_{10}$

20. 删除 Windows 提供的附件——写字板。

21. 添加 Windows 附件——写字板。

22. 从系统中删除应用软件 Macromedia Dreamweaver MX。

23. 用造字程序造一个汉字"杨",选择代码为 AAA1。

24. 利用计算器中的帮助查找出科学型计算器上"Sta"键的使用方法,并用该键计算出下列数据的标准误差:

12、45、85、46.3、65.98、47.85、123、2.65、147.96、23.489、32、58

25. 利用 Windows Update 功能联网更新 Windows 7。

26. 隐藏或显示任务栏。

27. 显示或隐藏快速启动栏。

28. 在快速启动栏中添加和删除图标。

29. 移动快速启动栏中的各图标位置。

30. 交换任务栏空白区和快速启动栏。

31. 时钟的显示或隐藏。

32. 快速启动栏中显示或隐藏标题。

33. 显示快速启动栏中图标的文字。

34. 在任务栏上显示"链接"工具栏。

35. 把快速启动栏中的图标改为大图标方式。

36. 最小化当前打开的所有窗口。

37. 把喇叭的声音设置为静音。

38. 清空"开始"→"文档"菜单项的所有文档。

39. 在"开始"菜单中显示小图标。

40. 在桌面上创建"开始"→"附件"→"计算器"程序的快捷方式,并把此快捷方式添加到"开始"→"程序"菜单下。

41. 删除"开始"→"Microsoft Office"下的"Microsoft Word 2016"选项。

42. 移动菜单项的相互位置。

43. 打开"我的电脑"窗口,然后用键盘来抓取此窗口,并保存在"画图"程序中。

44. 把桌面改为"Web 风格"或恢复"传统风格"。

45. 按 Web 页显示桌面时隐藏图标。

46. 查找所有以"W"字母开头的文件或文件夹,把它们复制到 D 盘下的"复制"文件中。

47. 把"开始"菜单下的"收藏夹"下的菜单项按照名称先后顺序排列。

48. 重命名"开始"→"Microsoft Office"→"Microsoft Excel 2016"菜单项为"Excel"。

49. 进入注册表。

50. 用"开始"菜单重启或关闭计算机。

51. 利用"磁盘扫描"程序来扫描 D 盘的文件和文件夹。

52. 要求文件夹的打开方式为"在不同的窗口打开不同的文件夹"。

二、文件和文件夹的操作题

1. 文件夹的创建

（1）请在"我的文档"下用"文件"中的"新建"命令创建以班级名字命名的一个文件夹。

（2）在上题的基础上，请在以班级名字命名的文件夹下的空白工作区上右击，选中快捷菜单中的"新建"命令创建以自己名字命名的文件夹。

2. 重命名文件和文件夹

（1）用双击的方法把"班级"这个文件夹改成"期中考试"。

（2）用右击的方法把以自己的名字命名的文件夹改为"排版"。

（3）在"期中考试"下再新建一个文件夹，用"文件"→"重命名"命令改为"打字"。

除了这 3 种之外，还有其他方法吗？_____。

3. 复制、移动文件和文件夹

（1）把文件夹设置成 Web 风格。

（2）用"剪切"和"粘贴"命令把"期中考试"移到桌面上。

（3）用"复制"和"粘贴"命令把"排版"移到桌面上。

比较一下这两种方法有什么不同？_____。

（4）用拖动的方法把"打字"文件移到桌面上。

4. 查找文件和文件夹

（1）在打字下建 5 个 Word 文件 wword1、woord2、wwwrd3、wworrd4、wordd5。

（2）把打字文件夹中的文件自动排列。

（3）查找以 w∗d∗ 命名的文件，查找以 wordd5 命名的文件。

（4）查找以 w??rd? 命名的文件，并比较查找到的结果。

5. 创建快捷方式

（1）用拖放法把 wword1 设置为快捷方式。

（2）用桌面上右击的方法在桌面上创建 woord2 的快捷方式。

（3）设置 woord2 的快捷键为 Ctrl+Alt+A。

6. 文件夹的删除和还原

（1）用 Delete 键的方法删除 wword1。

（2）用右键快捷菜单中的"删除"命令删除 woord2。

（3）用文件菜单中的"删除"命令删除 wwwrd3。

（4）用直接拖放的方式删除 wworrd4。

（5）还原 wword1、woord2、wwwrd3。

2.2 "字处理"操作测试题(一)

操作题一:在 Word 中录入下列文字内容,按照要求进行操作。

宽带发展面临路径选择

近来,款待投资热日渐升温,有一种说法认为,目前中国款待热潮已经到来,如果发展符合规律,"中国有可能做到款待革命第一"。但是很多专家认为,款待接入存在瓶颈,内容提供少得可怜,仍然制约着款待的推进和发展,其真正的赢利方式以及不同运营商之间的利益分配比例,都有待于进一步探讨和实践。

中国出现款待接入热潮,很大一个原因是以太网不像中国电信骨干网或者有线电视网那样受到控制,其接入谁都可以做,而国家目前却没有相应的法律法规来管理。房地产业的蓬勃发展、智能化小区的兴起以及互联网用户的激增,都为款待市场提供了一个难得的历史机遇。

尽管前景很好,目前中国的款待建设却出现了一个有趣的现象,即大家都看好这是个有利可图的市场,但是,利在哪里?应该怎样获利?运营者还都没有明确的认识。由于款待收费与使用者的支付能力相差甚远,同时款待上没有更多可以选择的内容,款待使用率几乎为"零",设备商、运营商和提供商都难以获益。

1. 将文中所有"款待"替换为"宽带";将标题段文字("宽带发展面临路径选择")设置为三号黑体、红色、加粗、居中并添加文字蓝色底纹,段后间距设置为 16 磅。

2. 将正文各段文字设置为五号、仿宋_GB2312,各段落左右各缩进 2 厘米,首行缩进 0.8 厘米,行距为 2 倍行距,段前间距 9 磅。

3. 将正文第 2 段("中国出现宽带接入热潮……一个难得的历史机遇。")分为等宽的两栏,栏宽为 7 厘米,并以原文件名保存文档。

操作题二:在 Word 中录入下列文字内容,按照要求进行操作。

分析:超越 Linux、Windows 之争

对于微软官员最近对 Linux 和开放源码运动的评价,以及对于 Linux、Windows 的许可证的统计,人们应该持一个怀疑的态度。

微软对 Linux 和开放源码运动的异议的中心论点是:软件的免费将威胁到传统软件制造商的收入。然而,Linux 不大可能剥夺 Windows 或 UNIX 在所有商业公司中的位置。

同时，微软可以利用开放源码运动的概念发布源代码，让第三方来修改错误并做微小的修正，由微软选择最好的补丁，并更新合适的核心代码。微软可以维持对软件的控制并产生收入。

1. 将标题段（"分析：超越 Linux、Windows 之争"）的所有文字设置为三号、黄色、加粗，居中并添加文字蓝色底纹，其中的英文文字设置为 Arial Black 字体，中文文字设置为黑体。将正文各段文字设置为五号、楷体_GB2312，首行缩进 0.8 厘米，段前间距 16 磅。

2. 第 1 段首字下沉，下沉行数为 2，距正文 0.2 厘米。将正文第 3 段（"同时……对软件的控制并产生收入。"）分为等宽的两栏，栏宽为 7 厘米。

3. 将正文第 1 段和第 2 段合并，并将合并后的段落分为等宽的两栏，栏宽为 7 厘米，并以原文件名保存文档。

操作题三：在 Word 中录入下列文字内容，按照要求进行操作。

搜狐荣登 Netvalue 五月测评榜首

总部设在欧洲的全球网络调查公司 Netvalue（联智资讯股份有限公司）公布了最新的 2001.5 针对中国内地互联网家庭用户的调查报告。报告结果显示：国内最大的中文门户网站搜狐公司（NASDAQ：SOHU）在基于各项指标的综合排名中独占鳌头，又一次证实了搜狐公司在中国互联网市场上的整体实力和领先地位。

Netvalue 的综合排名是建立在到达率（Reach）、上网天数（GDP）、上网次数（GSesP）、不重复网页数（GPP）、页面展开数（GdisP）和停留时间（GDurP）六项指标的基础之上的。在 Netvalue 五月针对中国内地互联网家庭用户的调查中，搜狐在整体排名拔得头筹，其中网民在搜狐网站的上网天数、上网次数和不重复网页数都名列第一。

除此之外，截至 2002 年 4 月份，搜狐已连续 5 次在亚太地区互联网权威评测机构 iamasia 的 Netfocus 排名中蝉联榜首，印证了搜狐作为中国互联网第一中文门户网站的地位。

1. 将标题段文字（"搜狐荣登 Netvalue 五月测评榜首"）设置为小三号、宋体字、红色、加单下划线、居中并添加文字蓝色底纹，段后间距设置为 16 磅。将正文各段中所有英文文字设置为 Bookman Old Style 字体，中文字体设置为仿宋_GB2312，所有文字及符号设置为小四号，常规字形。

2. 各段落左右各缩进 1 厘米，首行缩进 0.8 厘米，行距为 2 倍行距。将正文第 2 段（"Netvalue 的综合排名…… 名列第一。"）与第 3 段（"除此之外……第一中文门户网站的地位。"）合并，将合并后的段落分为等宽的两栏，其栏宽设置成 6.5 厘米。

2.3 "字处理"操作测试题 (二)

操作题一：在 Word 中录入下列文字内容,按照要求进行操作。

我国实行渔业污染调查鉴定资格制度

农业农村部今天向获得《渔业污染事故调查鉴定资格证书》的单位和《渔业污染事故调查鉴定上岗证》的个人颁发了证书。这标志着我国渔业污染事故的鉴定调查工作走上了科学和规范化的轨道。

据了解,这次全国共有 41 个单位和 440 名技术人员分别获得了此类证书。

农业农村部副部长表示,这项制度的实施,为及时查处渔业污染事故提供了技术保障,为法院依法调解、审判和渔业部门及时处理渔业污染事故提供有效的科学依据,为广大渔民在发生渔业污染事故时及时找到鉴定单位、获得污染事故的损失鉴定和掌握第一手证据提供了保障,也为排污单位防治污染、科学合理地估算损失结果提供了科学、公正、合理的技术途径。

1. 将标题段("我国实行渔业污染调查鉴定资格制度")设置为三号、黑体、红色、加粗、居中并添加段落蓝色方框,段后间距设置为 16 磅。

2. 将正文各段文字设置为五号、仿宋 GB2312,各段落左右各缩进 2 厘米,首行缩进 0.8 厘米,行距 18 磅。

3. 将正文第 3 段("农业农村部副部长……技术途径。")分为等宽的两栏,栏间距为 0.5 厘米,并以原文件名保存文档。

操作题二：在 Word 中录入下列文字内容,按照要求进行操作。

汽车市场春意渐浓

不管怎样,三月份亚运村汽车市场交易量还是增加到 2 241 辆,成为近半年以来销售量最大的一个月。回顾表中所列的前 5 名各汽车品牌的销售量,大都较之前几个月有不同程度的上升。本月特别需要提及的是:继春节期间天汽夏利车在京优惠促销之后,上汽桑塔纳车、一汽捷达车也于三月下旬在京对消费者开展为期一个月和 100 天的赠品促销活动,虽不足 10 天,但已有了一些市场反应。

厂商们的这次促销活动,是面对不景气的汽车市场挺身而出的孤军作战,显得势单力薄,虽有狙击下滑的作用,但想以此激活市场,大面积提高销售量,扩大市场份额,还需全社会方面的总体配合。

亚运村汽车交易市场环保达标车三月份销售情况前 5 名列表

排名	品牌	辆	比例（%）
1	捷达	512	22.85
2	桑塔纳	425	18.52
3	夏利	179	7.99
4	奥迪	115	5.13
5	神龙富康	104	4.64

1. 将文中所有"汽车"替换为"轿车"，存储为文档 WDA01.docx。

2. 新建文档 WDA02.docx，插入文档 WDA01.docx 内容，将标题段文字"轿车市场春意渐浓"设置为黑体、三号、居中，并加上文字黄色底纹。

3. 新建文档 WDA03.docx，将文档 WDA02.docx，内容复制过来，将正文文字设置为楷体_GB2312、五号，各段左右各缩进 1.8 厘米，首行缩进 0.8 厘米，1.1 倍行距。

4. 新建文档 WDA04.docx，插入文档 WDA01.docx 内容，将全文连接成一段。将新的内容分等宽两栏排版，栏宽为 7.0 厘米。

5. 新建文档 WDA05.docx，插入文档 WDA01.docx 内容，将文中提供的 6 行统计数字转换成一个 6 行 4 列的表格，列宽 1.8 厘米，列间距为 0 厘米。表格中的文字设置为宋体、五号，第 1 行和第 2 列文字居中，其他各行各列文字或数字右对齐。

操作题三：在 Word 中录入下列文字内容，按照要求进行操作。

"行星连珠"会引发灾害吗？

"星星连珠"时，地球上会发生什么灾变吗？答案是："星星连珠"发生时，地球上不会发生什么特别的事件。不仅对地球，对其他星星和小星星、彗星等也一样不会产生什么影响。当然，来自星星的引力会作用于各种天体上，无论星星的相互位置怎样排列，都不会带来什么可以察觉的变异。

为便于直观理解，不妨估计一下来自星星的引力大小，比如在地球表面上有一个 1 kg 的物体，可以运用牛顿的万有引力定律计算一下作用于这个物体的引力。万有引力与天体的质量成正比，与距离的平方成反比。科学家根据 6 000 年间发生的"星星连珠"，计算了各星星作用于地球表面一个 1 kg 物体上的引力，引力的最大值以 kg 为单位：水星是 $3.3×10^{-10}$ kg，金星是 $2.1×10^{-8}$ kg，火星是 $1.4×10^{-9}$ kg，木星是 $3.7×10^{-8}$ kg，土星是 $2.8×10^{-9}$ kg，天王星是 $8.9×10^{-14}$ kg，海王星是 $3.8×10^{-11}$ kg，冥王星是 $5.5×10^{-15}$ kg。最强的引力来自太阳，是 $6.3×10^{-4}$ kg，其次是来自月球的引力，为 $3.9×10^{-6}$ kg。与来自月球的引力相比，来自其他星星的引力小得微不足道。就算"星星连珠"像拔河一样形成合力，其影响与来自月球和太阳的引力变化相比，小得可以忽略不计。

1. 新建文档 WDA01.docx，录入以上的内容，将文中所有"星星"替换为"行星"。

2. 新建文档 WDA02.docx，插入文档 WDA01.docx 的内容，将标题段文字

（"行星连珠"会引发灾害吗?）设置为宋体、小三号、居中，添加文字蓝色阴影边框（边框的线型和线宽使用缺省设置），正文文字设置为四号、楷体_GB2312。

3. 新建文档 WDA03.docx，插入文档 WDA02.docx 的内容，正文各段落左右各缩进 1.8 厘米，首行缩进 0.8 厘米，段后间距 12 磅。

4. 新建文档 WDA04.docx，插入文档 WDA01.docx 的内容，将标题段和正文各段连接成一段，将此新的一段分等宽两栏排版，要求栏宽为 7 厘米。

5. 新建文档 WDA05.docx，制作一个如下表所示的表格，在表格最后一列后插入一列，输入列标题"合计"，计算出各产品的合计销售额。将表格设置为列宽 2 厘米，行高 20 磅，表格内的文字和数据均水平居中和垂直居中。

销售统计表

产 品 名 称	一 月	二 月	三 月
打印机	320	377.5	360
显示器	142.6	130	150
硬盘	185	117.2	179

2.4 "字处理"操作测试题(三)

操作题一: 在 Word 中录入下列的文字内容,按照要求进行如下操作。

专家预测大型 TFT 液晶显示器市场将复苏

大型 TFT 业经市场已经开始趋向饱和,产品供大于求,价格正在下滑。不过,据美国 DisplaySearch 研究公司的研究结果显示,今年第四季度将迎来大型 TFT 业经显示器市场的复苏。

美国 DisplaySearch 研究公司宣布了一项调查结果,结果显示今年下半年,全球范围内大型 TFT 业经显示器的供应量将比整体需求量高出不到百分之十。第三季度期间,TFT 业经显示器的价格下降幅度将有所缓慢。到第四季度,10 寸和 15 寸业经显示器的价格将会有轻微上扬的可能。

DisplaySearch 研究公司的总部设在美国得克萨斯的奥斯丁,该公司还预测由于更多的生产商转向小型 TFG 业经显示器的生产,而市场需求量并没有人们期望的那么高。世界小型 TFT 业经显示器市场将出供过于求的现象,供应量将超出需求量 20% 左右。

1. 将文中所有错词"业经"替换为"液晶",将标题段文字设置为小三号、楷体_GB2312、红色、加粗、居中并添加文字黄色阴影边框,段后间距设置为 16 磅。将正文各段的中文文字设置为小四号、宋体,英文文字设置为小四号、Bookman Old Style,各段落左右各缩进 1 厘米,首行缩进 0.8 厘米,行距为 1.5 倍行距。

2. 将正文第 2 段和第 3 段合并为一段,分为等宽的两栏,栏宽设置为 7 厘米。

操作题二: 在 Word 中录入下列的文字内容,按照要求进行操作。

首届中国网络媒体论坛在青岛隆重开幕

6 月 22 日,"首届中国网罗媒体论坛"在青岛隆重开幕。本次论坛是中国网罗媒体首次举行的高层次、大规模的专业论坛,是近年来中国网罗媒体规模最大的一次的盛会。

首届中国网罗媒体论坛,是在"2000 全国新闻媒体网罗传播研讨会"上,由中华全国新闻工作者协会发出建议,全国数十家新闻媒体网站共同发起设立的,宗旨是推进中国网罗媒体的建设和发展。

论坛的主题是网罗与媒体,按照江泽民关于加强互联网新闻宣传的重要指示,按照中宣部和国务院新闻办对网罗新闻宣传的要求,总结经验、沟通理论与实践等方面的心得，通过交流与合作，进一步提高网罗新闻宣传工作的水平，进一步加强网罗媒体的管理和自律。

与会嘉宾将研讨中国网罗媒体在已有的初步框架的基础上如何进一步发展，如何为建设有中国特色的社会主义网罗新闻宣传体系打下一个坚实的基础。在本次论坛上，还将探讨网罗好新闻的评选办法等。

1. 将文中所有错词"网罗"替换成"网络"；将标题（"首届中国网络媒体论坛在青岛隆重开幕"）设置为三号、空心黑体、红色、加粗、居中并添加波浪线。将正文各段文字设置为12磅、宋体。

2. 将正文第1段首字下沉，下沉行数为2，距文字0.2厘米。除第1段外的其余各段落左右各缩进2厘米，首行缩进0.8厘米，段前间距9磅。将正文第3段分为等宽两栏，其栏宽6.5厘米。

操作题三：在 Word 中录入下列的文字内容，按照要求进行操作。

上万北京市民云集人民大会堂聆听新年音乐

上万北京市民选择在人民大会堂——这个象征着国家最高权力机关所在地度过了20世纪最后的时光。

在人民大会堂宴会厅——这个通常举行国宴的地方，当新世纪钟声敲响的时候，数千名参加"世纪之约"大型新年音乐舞会的来宾停住了他们的舞步，欢呼声响彻七千多平方米的富丽堂皇的宴会大厅。

一年一度的北京新年音乐会在能容纳约万人的人民大会堂大会议厅举行。人们坐在拆除了表决器的座椅上，欣赏威尔第、柴可夫斯基的名曲，而这些座椅通常是为全国人大代表商讨国家大事时准备的。

新年音乐会汇集了强大的演出阵容，在著名指挥家汤沐海、陈燮阳、谭利华轮流执棒下，中央歌剧舞剧院交响乐团、北京交响乐团、上海交响乐团联手向观众奉上了他们的经典演出。

1. 将标题文字（"上万北京市民云集人民大会堂聆听新年音乐"）设置为三号、宋体、蓝色、加粗、居中并添加红色底纹和着重号。

2. 将正文各段文字设置为小五号、仿宋_GB2312。第1段右缩进2厘米，悬挂缩进0.9厘米。第2段前添加项目符号◆。

3. 将正文第3段分为等宽的两栏，栏宽为7厘米，并以原文件名保存文档。

2.5 "Excel"操作测试题

操作题一：按下列要求建立数据表格和图表，并命名为 TABLE1.XLS 存放。

序号	姓名	输入字符数	出错率	出错字符数
1	李 实	250000	0.5%	
2	王 雨	980000	1.5%	
3	张红霞	240000	1.2%	
4	总 计			

1. 请将数据建成一个数据表，并求出个人出错字符数以及输入字符数和出错字符数的"总计"。

2. 选择"姓名""输入字符数"和"出错字符数"（不含总计行）3 列，插入一个"簇状柱形圆柱图"的图表，图表标题为"个人输入和出错字符数统计表"；分类（X）轴标题为"输入字符数"，数值（Z）轴标题为"姓名"；嵌入在工作表下方 A7:F17 区域中。

操作题二：按下列要求建立数据表格和图表，并命名为 TABLE2.XLS 存放。

序号	姓名	数学	外语	政治	平均成绩
1	王萍	85	79	79	
2	刘林	90	84	81	
3	李莉	81	95	73	

1. 将学生成绩建立一个数据表格（存放在 A1:F4 的区域内），并计算每位学生的平均成绩（用 AVERAGE 函数），其数据表格保存在 Sheet1 工作表中（结果的数字格式为常规样式）。

2. 将工作表 Sheet1 更名为"成绩统计表"。

3. 选"姓名"和"平均成绩"两列数据，以姓名为横坐标标题，平均成绩为纵坐标标题，绘制各学生的平均成绩的簇状柱形图，图表标题为"平均成绩图"，嵌入在数据表格 A6:F16 的区域内。

操作题三： 按下列要求建立数据表格和图表，并命名为 TABLE3. XLS 存放。

三国在亚太地区电信投资表（单位：亿美元）

国家	1997 年投资额	1998 年投资额	1999 年投资额
美国	200	195	261
韩国	120	264	195
中国	530	350	610
合计			

1. 将数据建立为一张电信投资数据表格（存放在 A1:D6 的区域内）。

2. 利用 SUM（ ）公式计算出从 1997 年到 1999 年每年的投资总额，在 D7 单元格利用 MAX（ ）函数求出 1999 年这 3 个国家的最大投资额的数值。

3. 绘制各国每年投资额的数据点折线图，要求数据系列产生在列；横坐标标题为"国家"、纵坐标标题为"投资额"；图表标题为"三国在亚太地区电信投资数据点折线图"。图表嵌入在数据表格下方（存放在 A8:E20 的区域内）。

2.6 "PowerPoint" 操作测试题

操作题一：请依照下列要求完成一份演示文稿。

1. 选择一个演示文稿设计模板中的一种，打开一个演示文稿。
2. 新增 5 张包括以下不同版式的幻灯片：标题幻灯片、项目清单、文字及剪贴画、文字及图表、空白幻灯片。
3. 选定一个主题（如计算机在生活中的应用），再依各张幻灯片的不同版式加入对象，编辑幻灯片的内容，对象中至少需包含"剪贴画""图表""自选图形"及"艺术字"。
4. 练习更改演示文稿所套用的模板和改变部分幻灯片的版式。

操作题二：自行制作一份演示文稿，在演示文稿中加上各种动画效果，使用的动画效果至少需包含下列各项。

1. 幻灯片切换效果：范例中共有 7 张幻灯片，请给每一张幻灯片都设定切换效果。切换效果包含"单击鼠标时"及"在前一事件后"两种。
2. 标题动画：每张幻灯片的标题都以动画显示。
3. 文字动画：项目文字及图案等对象都设定为动画显示。
4. 完成演示文稿后，请切换到"幻灯片浏览"视图，新增一张幻灯片摘要，练习复制、移动、删除等操作。

操作题三：建立一份空白的新演示文稿，按以下要求完成操作。

1. 制作"标题母版"及"幻灯片母版"，版面设置中需附有插图、自选图形及文字格式。
2. 母版的自选图形中需有文字，母版必须设定背景效果，同时有页脚、编号及日期显示。
3. 演示文稿至少有 10 张幻灯片，利用动作按钮的设定，使第 1 张幻灯片具有"主菜单"效果，同时幻灯片的前后均可切换。菜单必须包含结束按钮。
4. 演示文稿中的某些张幻灯片，请通过插入已有的演示文稿幻灯片完成。
5. 在演示文稿中的某一张幻灯片中插入一个网址的超链接。

操作题四:按以下要求完成操作。

1. 练习如何打印制定编号的幻灯片及备注或讲义。

2. 在演示文稿中选 2 张幻灯片,加上批注,批注应设定样式并旋转角度。

3. 利用"讲义母版"为演示文稿做一份讲义,并以每页 3 张幻灯片的方式将它打印出来。

4. 设定只播放奇数张幻灯片的"自定义放映"方式,并且命名自定义放映方式。

5. 使用排练时间,将演示文稿设计成一个自动播放的演示文稿。为演示文稿录制一段旁白,需使用链接方式存储声音文件。将范例演示文稿打包。

6. 将范例演示文稿存成 Web 页,并到浏览器中播放。

操作题五:制作一个简单课件,内容为自己学习的课程介绍或个人简介,具体要求如下。

1. 课件至少包含 5 张幻灯片,内容应体现在封页、目录、详细内容,并且实用丰富,色调搭配合理,有较好的整体效果。

2. 选任意一种模板作为背景。

3. 幻灯片中至少有一张剪贴画和一个自选图形,并至少设置两种不同效果的动画。

4. 为每张幻灯片插入页码,位置居中,首页无页码。

5. 除封页外的每张幻灯片上设置一个"动作按钮"进行换页,作用为"前进至下一张",效果为"鼠标划过",无声音。

6. 插入表格,内容、格式不限,设置动画,效果为"前一事件 5 秒后启动"。

7. 设置幻灯片切换方式,全部应用为"单击鼠标"时换页,任选一种声音。

2.7 "Dreamweaver" 操作测试题

题目要求： 运用 Dreamwaver 开发环境制作一个"网上书店"的主页。要求熟悉进行图片、文字、链接等网页元素的添加和属性设置。

【参考步骤】

（1）启动 Dreamweaver。

（2）创建站点。选择菜单中的"站点"→"新建"命令，在打开的"站点设置对象"对话框中输入文件名"book_ store"，单击"保存"按钮，如图 2.7.1 所示。

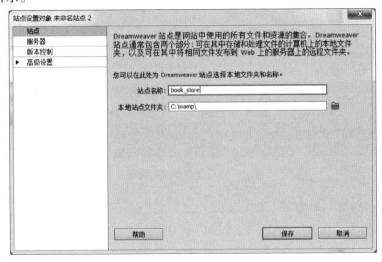

图 2.7.1　创建站点

（3）单击"插入"表格按钮，在弹出的表格对话框中设置表格为 6 行，4 列；表格宽度为 500 像素，边框粗细 0 像素，如图 2.7.2 所示。

（4）单击文档窗口底部<body>标签，单击"属性"面板中的"页面属性"，设置背景图像。

（5）选中整个表格，在"属性"面板中的"对齐"栏中选择"居中对齐"方式，背景颜色为"#D6D6D6"，如图 2.7.3 所示。选中第一行，将单元格合并，如图 2.7.4 所示。

（6）在单元格内输入"网上书店"文字，并在"属性"面板中设置文字属性。

（7）在第三行单元格内，选择"插入"栏的"图像"，将站点图片文件夹内的图片插入到相应的单元格内。

（8）单击导航按钮下面的第 1 个单元格，插入一幅图像，并在相邻单元格内输入对应文字。随后在其他单元格内插入图片及对应文字，最后设计出一个

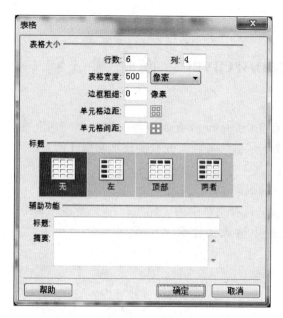

图 2.7.2　创建表格

图 2.7.3　设置单元格属性

图书列表的效果，如图 2.7.5 所示。

（9）单击"保存"按钮，完成本次案例。

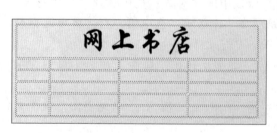

图 2.7.4　合并单元格

图 2.7.5　安全效果

2.8 "Flash" 操作测试题

题目要求：制作一个跑动的汽车。

【参考步骤】

（1）打开"Flash MX"软件，选择"修改"→"文档"命令，将舞台修改成"600×300"大小，将颜色改成相应颜色，如图 2.8.1 所示。

图 2.8.1　设置文档属性

（2）选择"文件"→"导入"命令，将文件夹中的"道路"图片导入，作为背景。双击左上角的"图层一"，将其修改成"背景"。在该图层中将背景图片修改成舞台大小。

（3）选择工具栏上的"套索工具"，选择左下角的"魔术棒"，再选择右侧的魔术棒属性，将"阈值"改成"10"，平滑选项改成"平滑"。使用魔术棒将背景中不需要的颜色去掉，其结果可以参看动画。注意：在编辑图片之前，一定要把它打散，可选择"修改"→"分离"命令。

（4）将图片调整到舞台的合适位置，然后锁定图层"背景"，如图 2.8.2 所示。

图 2.8.2　背景图片

（5）新建一个名为"车身"的层。在其中导入文件夹中的"汽车"图片。同样选择"魔术棒"工具，将汽车截取出来，放在第 1 帧。将汽车（如图 2.8.3 所示）拖到舞台左侧。

图 2.8.3　汽车图片

（6）在时间轴上的第 50 帧单击右键，插入关键帧，将汽车拖到舞台右侧。右键单击第 1 帧，创建"动画补间"。

（7）增加一个新的层，命名为"左车轮"。

（8）选择"插入"→"新建元件"→"影片剪辑"命令，命名为"车轮"。将"汽车"图片拖入，继续用"索套工具"将汽车除车轮的部分去掉，使车轮独立出来。将车轮放在此时的舞台中心，在时间轴的第 5、10、15、20、25、30 帧处分别插入关键帧。分别在第 5、10、15、20、25、30 帧上单击右键，插入"补间动画"。然后单击第 5 帧，选中舞台中的车轮，选择"窗口"→"变形"命令，在弹出的窗口中调整旋转角度为 60°。同理，在第 10 帧中将车轮旋转 120°，第 15 帧中旋转 180°，第 20 帧中旋转 240°，第 25 帧中旋转 300°，第 30 帧中旋转 360°。这样，车轮就做好了。

（9）建立新的图层，取名为"左车轮"。选择第 1 帧，打开"窗口"→"库"，将"车轮"拖出来，放在车身左车轮位置，单击第 50 帧，插入关键帧，将左车轮拖到现在的汽车左侧，如图 2.8.4 所示。

（10）在"左车轮"层上建立一个引导层，将左车轮引导到第 50 帧中的位置，所得结果同上，如图 2.8.5 所示。

图 2.8.4　左车轮第 1 帧图片　　　　图 2.8.5　左车轮第 50 帧图片

（11）同样新建一个新图层，取名为"右车轮"，将它放在车身右侧，然后在第 50 帧插入关键帧，将右车轮拖到此时的车身右侧，如图 2.8.6 和图 2.8.7 所示。

图 2.8.6　右车轮第 1 帧图片　　　　图 2.8.7　右车轮第 50 帧图片

（12）按下 Ctrl+Enter 组合键，可以看到汽车移动的效果。

（13）新建一个图层，命名为"音效"。在其中导入文件夹下的"汽车"声音文件。导入后，单击第 1 帧，查看"属性"→"声音"选项，选择"汽车.mp3"，并选择"同步"下的"开始"选项，然后在第 50 帧插进关键帧，选择"属性"→"声音"选项，选择"汽车.mp3"，并且在"同步"项里选择"停止"。

这样，第一个试验就完成了，运行后可以看到一个有声音的汽车的开动图画。

另外，可以参看 Flash 动画制作中的按钮制作方法，给这个动画在第 1 帧加一个按钮，控制车的运动，这个作为课后作业，大家自己完成。

2.9 "Photoshop"操作测试题

题目要求：制作模糊边框的老相片。

【参考步骤】

（1）制作模糊边框

在 Photoshop 7 中导入一幅图片，如图 2.9.1 所示。选择椭圆工具，选中熊猫的头，单击"选择"→"羽化"命令，设置羽化半径为 40。选择"选择"→"反选"选项，选中椭圆以外区域。单击"编辑"→"清除"命令，使得椭圆以外区域被清除。选择"选择"→"取消选择"命令，得到的效果如图 2.9.2 所示，熊猫的脸部以外区域就模糊起来。

图 2.9.1 原图片

图 2.9.2 效果图

（2）制作老照片效果

单击"图像"→"调整"→"色彩平衡"命令，在弹出的对话框中设置"暗调"为"30，0，-35"，单击"好"按钮。在同一个对话框中设置"中间调"为"0，-30，-40"。在同一个对话框中设置"高光"为"0，10，-8"这几个值，根据所制作的对象的颜色来设置。通常是经过多次测试选区后才能得到满意效果的。色调平衡如图 2.9.3、图 2.9.4、图 2.9.5 所示。

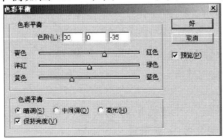

图 2.9.3 设置对话框 1

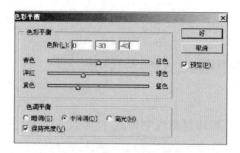

图 2.9.4　设置对话框 2

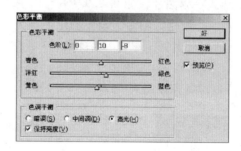

图 2.9.5　设置对话框 3

经过以上设置之后，得到的照片效果如图 2.9.6 所示。

（3）制作木质相框

使用矩形工具选中相片中的主要部分，使得上、下、左、右都留出一部分作为边框，如图 2.9.7 所示。然后选择反选，此时选中边框部分，如图 2.9.8 所示。

图 2.9.6　效果 1

图 2.9.7　效果 2

将背景颜色设为褐色，并对选中的边框进行填充。褐色的颜色代码为"75，30，14"，得到效果如图 2.9.9 所示。

单击"滤镜"→"杂色"→"添加杂色"命令，在弹出的对话框中将数量设为40，并选择高斯分布。然后选择"滤镜"→"模糊"→"动感模糊"项，设置距离，不断调整其大小，并在预览中选择一个满意的效果即可，如图2.9.10所示。现在木质边框的轮廓已经出来了，接着要将边框凸起，更贴近实际效果。

图 2.9.8　效果 3　　　　　图 2.9.9　效果 4　　　　　图 2.9.10　效果 5

单击"图层"→"图层样式"→"斜面和浮雕"命令，在弹出的对话框中进行设置，如图2.9.11所示。此时图片的木质边框已经很清晰了。

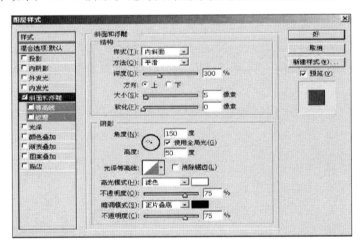

图 2.9.11　设置对话框 4

为了效果更明显，在边框上加入阴影效果。单击"图层"→"图层样式"→"内阴影"命令，在弹出的对话框中进行设置，如图2.9.12所示。

这样，照片的效果就基本完成了。

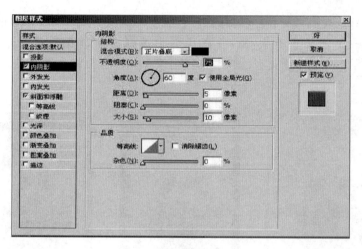

图 2.9.12　设置对话框 5

基础知识测试篇

3.1 "计算机基础"测试题

1. 第三代计算机采用_____电子逻辑元件。

   A. 晶体管   B. 电子管   C. 集成电路   D. 超大规模集成电路

2. 微型计算机中，RAM 是_____。

   A. 顺序存储器   B. 只读存储器

   C. 随机存取存储器   D. 高速缓冲存储器

3. 下列设备中，只能作为输出设备的是_____。

   A. 磁盘存储器   B. 键盘   C. 鼠标器   D. 打印机

4. IBM PC 机的 PC 含义是指_____。

   A. 计算机的型号   B. 个人计算机

   C. 小型计算机   D. 兼容机

5. 具有多媒体功能的微机系统常用 CD-ROM 作为外存储器，CD-ROM 是_____。

   A. 只读存储器   B. 只读硬盘   C. 只读光盘   D. 只读大容量软盘

6. 鼠标是一种_____。

   A. 存储器   B. 运算控制单元

   C. 输入设备   D. 输出设备

7. ROM 的意思是_____。

   A. 软盘存储器   B. 硬盘存储器

   C. 只读存储器   D. 随机存储器

8. 关于 CPU，以下说法正确的是_____。

   A. 在当前，CPU 就是 Pentium Ⅲ

   B. CPU 本身没有任何存放数据的机构

   C. CPU 的产品都是 INTEL 公司生产的

   D. CPU 是计算机的核心，由极其复杂的电子线路组成

9. 计算机能直接执行的程序是_____。

   A. 源程序   B. 机器语言程序

   C. 语言程序   D. 汇编语言程序

10. 关于计算机上使用的光盘，以下说法错误的是_____。

    A. 有些光盘只能读不能写

    B. 有些光盘可以读，也可以写

    C. 使用光盘时必须配有光盘驱动器

    D. 光盘是一种外存储器，它完全依靠盘表面的磁性物质来记录数据

11. 内存的大部分由 RAM 组成，其中存储的数据在断电后_____丢失。

    A. 不会   B. 部分   C. 完全   D. 不一定

12. 目前计算机常用的外存储器是_____。

    A. 打印机   B. 数据库   C. 磁盘   D. 数据库管理系统

13. 存储器容量 1 GB 是表示_____。

    A. 1 024   B. 1 024 B   C. 1 024 KB   D. 1 024 MB

14. 内存储器的每一个存储单元都被赋予一个唯一的序号，称为_____。

    A. 地址   B. 标号   C. 容量   D. 内容

15. 一般软件分为两大类，其类别为系统软件和应用软件，下列说法正确的是_____。

    A. 系统软件有 AutoCAD、应用软件有 Word

    B. 系统软件有 DOS、应用软件有 Word

    C. 系统软件有 FoxPro、应用软件有 Windows

    D. 系统软件有 Word、应用软件有 MIS

16. 下列说法中，错误的是_____。

    A. 计算机病毒是一种程序

    B. 计算机病毒具有潜伏性

    C. 计算机病毒是通过运行外来程序传染的

    D. 用防病毒卡和查病毒软件能确保计算机不受病毒危害

17. 硬盘的读写速度比软盘快得多，容量与软盘相比_____。

    A. 大得多   B. 小得多   C. 差不多   D. 小一些

18. 在工作中，微型计算机的电源突然中断，但计算机中全部不丢失的是_____。

    A. RAM 和 ROM 中的信息   B. RAM 中的信息

    C. ROM 中的信息   D. RAM 中的部分信息

19. 计算机的核心是_____。

    A. 存储器   B. 运算器   C. 控制器   D. CPU

20. 下面各组设备包括输入设备、输出设备和存储设备的是_____。

    A. CRT、CPU、ROM   B. 磁盘、鼠标、键盘

    C. 鼠标、绘图仪、光盘   D. 磁带、打印机、激光印字机

21. 微机存储器容量的基本单位是_____。

    A. 数字   B. 字母   C. 符号   D. 字节

22. 在一个字节中，可存放_____。

    A. 一个汉字   B. 0 到 255 个整数

    C. 一个英文句子   D. 一个标点符号

23. 在存储器容量的表示中，M 的准确含义是_____。

    A. 1 米   B. 1 024 K   C. 1 024 字节   D. 1 024 万

24. 微型计算机中存储数据的最小单位是_____。

    A. 字节   B. MB   C. 位   D. KB

25. 由高级语言编写的源程序要转换成计算机能直接执行的目标程序，必须经过_____。

    A. 编辑　　　　　B. 编译　　　　C. 汇编　　　　D. 解释

26. 微型计算机中使用的鼠标是连接在_____。
    A. 打印机接口上的　　　　　　B. 显示器接口上的
    C. 并行　　　　　　　　　　　D. 串行接口上的

27. 下列 4 条关于计算机基础知识的叙述中，正确的一条是_____。
    A. 微型计算机是指体积微小的计算机
    B. 存储器须在电源电压正常时才能存取信息
    C. 字长 32 位的计算机是指能计算最大为 32 位十进制数的计算机
    D. 防止 U 盘感染计算机病毒的方法是定期对 U 盘格式化

28. 运算器的主要功能是_____。
    A. 实现算术运算和逻辑运算
    B. 保存各种指令信息供系统其他部件使用
    C. 分析指令并进行译码
    D. 按主频指标规定发出时钟脉冲

29. 下列 4 条叙述中，正确的一条是_____。
    A. 字节通常用英文单词"bit"来表示
    B. 目前广泛使用的 Pentium 机器字长为 5 个字节
    C. 计算机存储器中将 8 个相邻的二进制位作为一个单位，这种单位称为字节
    D. 微型计算机的字长并不一定是字节的倍数

30. 一条计算机指令中规定其执行功能的部分称为_____。
    A. 源地址码　　B. 操作码　　C. 目标地址码　D. 数据码

31. 指出 CPU 下一次要执行的指令地址的部分称为_____。
    A. 程序计数器　　B. 指令寄存器　C. 目标地址码　D. 数据码

32. 下列 4 种设备中，属于计算机输入设备的是_____。
    A. UPS　　　　　B. 服务器　　　C. 绘图仪　　　D. 鼠标

33. 在操作系统中，文件管理的主要功能是_____。
    A. 实现文件的虚拟存取　　　　B. 实现文件的高速存取
    C. 实现文件的按内容存取　　　D. 实现文件的按名存取

34. 能把汇编语言源程序翻译成目标程序的程序称为_____。
    A. 编译程序　　B. 解释程序　　C. 编辑程序　　D. 汇编程序

35. 微型计算机键盘上的 Tab 键是_____。
    A. 退格键　　　B. 控制键　　　C. 交替换挡键　D. 制表定位键

36. 下列 4 种软件中，属于系统软件的是_____。
    A. WPS　　　　　B. Word　　　　C. DOS　　　　D. Excel

3.2 "Word 基础"测试题

1. 在 Word 2016 的编辑状态下，文档窗口显示出水平标尺，拖动水平标尺上沿的"首行缩进"滑块，则_____。

    A. 文档中各段落的首行起始位置都重新确定

    B. 文档中被选择的各段落首行起始位置不会重新确定

    C. 文档中各行的起始位置都重新确定

    D. 插入点所在行的起始位置被重新确定

2. 某用户想要打印某文档的第 1~25 页，第 30 页和第 35 页，他应在"打印"对话框的页面范围编辑框中输入_____。

    A. 1 至 25，第 30 页，第 35 页   B. 1~25，30-35

    C. 1-25，30，35   D. 1~25，30，35

3. 在 Word 编辑状态下，进行中文标点符号与英文标点符号之间切换的快捷键是_____。

    A. Shift+空格键   B. Ctrl+空格

    C. Shift+.   D. Ctrl+.

4. 下面列举的不是 Word 2016 提供的视图的是_____。

    A. 普通视图   B. 页面视图

    C. 大纲视图   D. 合并视图

5. 在 Word 2016 中，默认的文件扩展名是_____。

    A. WRD   B. RTF

    C. DOCX   D. TXT

6. 在 Word 2016 中，设置字符格式时，不能设置的是_____。

    A. 行间距   B. 字体

    C. 字号   D. 段间距

7. 在 Word 的编辑状态下，按先后顺序依次打开了 d1.docx、d2.docx、d3.docx、d4.docx 4 个文档，那么当前的活动窗口是_____。

    A. d1.docx 的窗口   B. d2.docx 的窗口

    C. d3.docx 的窗口   D. d4.docx 的窗口

8. 不属于 Word 2016 功能的是_____。

    A. 制作表格   B. 处理图形

    C. 提高 CPU 的速度   D. 文件打印

9. 在 Word 的_____视图方式下，可以显示分页效果。

    A. 普通视图   B. 大纲视图

    C. 页面视图   D. 阅读视图

10. Word 中，当前活动窗口是文档 D1.DOCX 的窗口，单击该窗口的"最小化"按钮后_____。

    A. 不显示 D1. DOCX 文档内容，但 D1. DOCX 文档并未关闭

    B. 该窗口和 D1. DOCX 文档都被关闭

    C. D1. DOCX 文档未关闭，且继续显示其内容

    D. 关闭了 D1. DOCX 文档但该窗口并未关闭

11. 在 Word 的编辑状态下，打开了 w1. docx 文档，把当前文档以 w2. docx 为名进行"另存为"操作，则_____。

    A. 当前文档是 w1. docx

    B. 当前文档是 w2. docx

    C. 当前文档是 w1. docx 与 w2. docx

    D. w1. docx 与 w2. docx 全被关闭

12. 在 Word 的编辑状态下，选择了文档全文，若在"段落"对话框中设置行距为 20 磅，应当选择"行距"列表框中的_____。

    A. 单倍行距   B. 1.5 倍行距   C. 固定值   D. 多倍行距

13. 在 Word 的编辑状态下，连续进行了两次"插入"操作，再连续两次单击"撤销"按钮后，_____。

    A. 将两次插入的内容全部取消

    B. 将第一次插入的内容取消

    C. 将第二次插入的内容取消

    D. 两次插入的内容都不被取消

14. 在 Word 的编辑状态下，利用下列_____选项卡中的命令可以插入一个表格。

    A. 表格   B. 工具   C. 格式   D. 插入

15. 在 Word 的编辑状态下文件中有一行被选择，当按 Delete 键后_____。

    A. 删除了插入点所在的行

    B. 删除了被选择的一行

    C. 删除了被选择行及其后的所有内容

    D. 删除了插入点及其之前的所有内容

16. Word 具有分栏功能，下列关于分栏的说法中，正确的是_____。

    A. 最多可以设 2 栏   B. 各栏的宽度必须相同

    C. 各栏的宽度可以不同   D. 各栏的间距是固定的

17. 在 Excel 中，若在某单元格插入当前系统时间，可按_____组合键。

    A. Shift+；（分号）   B. ；（分号）

    C. Ctrl+Shift+；（分号）   D. Ctrl+；（分号）

18. Word 2016 的菜单中常会出现一些暗灰色的选项，这表示_____。

    A. 系统运行故障   B. Word 本身缺陷

    C. 文档带病毒   D. 这些项在当前状态下无效

19. 在 Word 2016 编辑状态下，格式刷可以复制_____。

    A. 段落的格式和内容   B. 段落和文字的格式和内容

C. 文字的格式和内容   D. 段落和文字的格式

20. 以下有关拆分表格命令的说法中，正确的是_____。

    A. 只能把表格拆分为左右两部分

    B. 只能把表格拆分为上下部分

    C. 可以把表格拆分几列或几行

    D. 只能把表格拆分成列

21. 在 Word 编辑状态下，若要调整左右边界，比较直接快捷的方法是_____。

    A. 工具栏   B. 格式栏   C. 菜单   D. 标尺

22. 在 Word 的编辑状态下，执行"开始"→"复制"命令后，_____。

    A. 被选择的内容被复制到剪贴板

    B. 被选择的内容被复制到插入点处

    C. 插入点所在的段落内容被复制到剪贴板

    D. 光标所在的段落内容被复制到剪贴板

23. 在 Word 中"打开"文档的作用是_____。

    A. 将指定文档从内存读入并显示出来

    B. 为指定文档打开一个空白窗口

    C. 将指定文档从外存读入并显示出来

    D. 显示并打印指定的文档内容

24. Word 的"文件"菜单中"最近所用文件"显示的文件名所对应的文件是_____。

    A. 当前被操作的文件

    B. 当前已经打开的所有文件

    C. 最近被操作过的文件

    D. 扩展名是 .DOC 的所有文件

25. 下列方式中，可以显示出页眉和页脚的是_____。

    A. 普通视图   B. 页面视图   C. 大纲视图   D. 全屏视图

26. 在 Word 的编辑状态下，进行字体设置操作后，按新设置的字体显示的文字是_____。

    A. 插入点所在段落中的文字   B. 文档中被选择的文字

    C. 插入点所在行中的文字   D. 文档的全部文字

27. 在 Word 的编辑状态下，设置了一个由多个行和列组成的空表格，将插入点定在某个单元格内，用鼠标单击"布局"→"选择"→"选择行"命令，再用鼠标单击"选择列"命令，则表格中被"选择"的部分是_____。

    A. 插入点所在的行   B. 插入点所在的列

    C. 一个单元格   D. 整个表格

28. 当前插入点在表格中某行的最后一个单元格内，按 Enter 键后，可以使_____。

    A. 插入点所在的行加宽   B. 插入点所在的列加宽

C. 插入点下一行增加一行　　　　D. 对表格不起作用

29. 在 Word 的编辑状态下，要设置标尺，应当使用_____选项卡中的命令。

A. 工具　　　　B. 视图　　　　C. 格式　　　　D. 窗口

30. 若 Word 正处于打印预览状态，要打印文件，则_____。

A. 必须退出预览状态后才可以打印　　B. 在打印预览状态也可以直接打印

C. 在打印预览状态不能打印　　　　　D. 只能在打印预览状态打印

31. 在 Word 2016 中，以下错误的是_____。

A. "剪切"功能将选取的对象从文档中删除，并存放在剪贴板中

B. "粘贴"功能将剪贴板上的内容粘贴到文档中插入点所在的位置

C. 剪贴板是外存中一个临时存放信息的特殊区域

D. 剪贴板是内存中一个临时存放信息的特殊区域

32. 在 Word 2016 中，若想要绘制一个标准的圆，应该先选择椭圆工具，再按住_____键，然后拖动鼠标。

A. Shift　　　　B. Alt　　　　C. Ctrl　　　　D. Tab

33. 在 Word 的编辑状态下，执行"文件"菜单中的"保存"命令后，_____。

A. 将所有打开的文档存盘

B. 只能将当前文档存储在原文件夹内

C. 可以将当前文档存储在已有的任意文件夹内

D. 可以先建立一个新文件夹，再将文档存储在该文件夹内

34. 关于 Word 2016 中的分页符的描述，错误的是_____。

A. 分页符的作用是分页

B. 按 Ctrl+Enter 可以插入一个分页符

C. 各种分页符都可以选中后按 Delete 键删除

D. 在"页面视图"方式下分页符以虚线显示

35. 在 Word 2016 中，对图片版式设置不能用_____。

A. 嵌入型　　　B. 滚动型　　　C. 四周型　　　D. 紧密型

3.3 "操作系统基础"测试题

1. Windows 10 中，下列操作没有将文件放入回收站的是_____。
   A. 拖动文件到回收站图标上松开
   B. 在文件上单击右键选择删除
   C. 选中文件后按 Delete 键
   D. 选中文件后，同时按 Shift+Delete 键

2. 下面按键能关闭 Windows 当前窗口的是_____。
   A. Ctrl+Alt+Delete   B. Alt+F4
   C. Alt+Esc   D. Quit

3. Windows 10 操作系统是_____。
   A. 单用户单任务系统   B. 单用户多任务系统
   C. 多用户多任务系统   D. 多用户单任务系统

4. Windows 10 的"桌面"指的是_____。
   A. 整个屏幕   B. 全部窗口   C. 某个窗口   D. 活动窗口

5. Windows 10 "任务栏"上的内容为_____。
   A. 当前窗口的图标   B. 已启动并正在执行的程序名
   C. 所有已打开的窗口的图标   D. 已经打开的文件名

6. 在 Windows 10 中，有两个对系统资源进行管理的程序组，它们是"资源管理器"和_____。
   A. 回收站   B. 剪贴板   C. 我的电脑   D. 我的文档

7. 在 Windows 10 中，下列正确的文件名是_____。
   A. My Program Group. TXT   B. file1│file2
   C. A◇B. C   D. A?B. DOC

8. 在 Windows 10 中，为了重新排列桌面上的图标，首先应进行的操作是_____。
   A. 右击桌面空白处   B. 右击"任务栏"空白处
   C. 右击已打开窗口的空白处   D. 右击"开始"按钮

9. 在 Windows 10 中，若在某一个文档中连续进行了多次剪切操作，当关闭该文档后，"剪贴板"中存放的是_____。
   A. 空白   B. 所有剪切过的内容
   C. 最后一次剪切的内容   D. 第一次剪切的内容

10. 在 Windows 10 的"资源管理器"窗口中，其左部窗口中显示的是_____。
    A. 当前打开的文件夹的内容
    B. 系统的文件夹树

    C. 当前打开的文件夹名称及其内容

    D. 当前打开的文件夹名称

11. 在 Windows 10 的"我的电脑"窗口中,若已选定硬盘上的文件或文件夹,并按了 Delete 键和"确定"按钮,则该文件或文件夹将_____。

    A. 被删除并放入"回收站"   B. 不被删除也不放入"回收站"

    C. 被删除但不放入"回收站"   D. 不被删除但放入"回收站"

12. 在 Windows 10 的资源管理器左部窗口中,若显示的文件夹图标前带有加号(+),意味着该文件夹_____。

    A. 含有下级文件夹   B. 仅含文件

    C. 是空文件夹   D. 不含下级文件夹

13. 在 Windows 10 中,当一个应用程序窗口被最小化后,该应用程序将_____。

    A. 被终止执行   B. 继续在前台执行

    C. 被暂停执行   D. 被转入后台执行

14. 对 Windows 10 系统下列叙述中,错误的是_____。

    A. 可同时运行多个程序,但只有一个是当前活动窗口

    B. 桌面上可同时容纳多个窗口,但只有一个是当前活动窗

    C. 可支持鼠标操作

    D. 可运行所有的 DOS 应用程序

15. 对下列 Windows 10 的叙述中,正确的是_____。

    A. Windows10 的操作只能用鼠标

    B. Windows10 为每一个任务自动建立一个显示窗口,其位置和大小不能改变

    C. 在不同的磁盘间不能用鼠标拖动文件名的方法实现文件的移动

    D. Windows10 打开的多个窗口,既可平铺,也可层叠

16. 在 Windows 10 的"资源管理器"窗口中,为了将选定的硬盘上的文件或文件夹复制到 U 盘上,应进行的操作是_____。

    A. 先将它们删除并放入"回收站",再从"回收站"中恢复

    B. 用鼠标左键将它们从硬盘拖动到 U 盘

    C. 先用执行"编辑"菜单下的"剪切"命令,再执行"编辑"菜单下的"粘贴"命令

    D. 用鼠标右键将它们从硬盘拖动到 U 盘上,并从弹出的快捷菜单中选择"移动到当前位置"

17. 在 Windows 10 中,为了将 U 盘上选定的文件移动到硬盘上,正确的操作是_____。

    A. 用鼠标左键拖动后,再选择"移动到当前位置"

    B. 用鼠标右键拖动后,再选择"移动到当前位置"

    C. 按住 Ctrl 键,再用鼠标左键拖动

    D. 按住 Alt 键,再用鼠标右键拖动

18. 在 Windows 10 中，要安装一个应用程序，正确的操作应该是_____。

    A. 打开"资源管理器"窗口，使用鼠标拖动操作

    B. 打开"控制面板"窗口，双击"程序和功能"图标

    C. 打开"MS DOS"窗口，使用 COPY 命令

    D. 打开"开始"菜单，选中"运行"项，在弹出的"运行"对话框中使用 COPY 命令

19. 在 Windows 10 中，当已选定文件夹后，下列操作中不能删除该文件夹的是_____。

    A. 在键盘上按 Delete 键

    B. 右击该文件夹，打开快捷菜单，然后选择"删除"命令

    C. 在文件菜单中选择"删除"命令

    D. 用鼠标左键双击该文件夹

20. 在 Windows 10 中，下列操作可运行一个应用程序的是_____。

    A. 用"开始"菜单中的"文档"命令

    B. 右击该应用程序名

    C. 用鼠标左键双击该应用程序名

    D. 用"开始"菜单中的"查找"命令

21. Windows 10 中，当屏幕上有多个窗口时，_____。

    A. 可以有多个活动窗口

    B. 有一个固定的活动窗口

    C. 活动窗口被其他窗口覆盖

    D. 活动窗口标题栏的颜色与其他窗口不同

22. Windows 10 中，当选定文件或文件夹后，不将文件或文件夹放到"回收站"中，而直接删除的操作是_____。

    A. 按 Delete 键

    B. 用鼠标直接将文件或文件夹拖放到"回收站"中

    C. 按 Shift+Delete 键

    D. 用"我的电脑"或"资源管理器"窗口中的"文件"菜单中的删除命令

23. 在 Windows 10 的"资源管理器"窗口中，如果想一次选定多个连续的文件或文件夹，正确的操作是_____。

    A. 按住 Ctrl 键，用鼠标右键逐个选取

    B. 按住 Ctrl 键，用鼠标左键逐个选取

    C. 选定第一个后，按住 Shift 键再用鼠标左键选取最后一个

    D. 用鼠标左键逐个选取

24. 在 Windows 10 中，对同时打开的多个窗口进行层叠式排列，这些窗口的显著特点是_____。

    A. 每个窗口的内容全部可见   B. 每个窗口的标题栏全部可见

    C. 部分窗口的标题栏不可见   D. 每个窗口的部分标题栏可见

25. 在 Windows 10 的"资源管理器"窗口左部，单击文件夹图标左侧的加号（+）后，屏幕上显示结果的变化是_____。

    A. 窗口左部显示的该文件夹的下级文件夹消失

    B. 该文件夹的下级文件夹显示在窗口右部

    C. 该文件夹的下级文件夹显示在窗口左部

    D. 窗口右部显示的该文件夹的下级文件夹消失

26. 在 Windows 10 中，当一个窗口已经最大化后，下列叙述中错误的是_____。

    A. 该窗口可以被关闭   B. 该窗口可以移动

    C. 该窗口可以最小化   D. 该窗口可以还原

27. 在 Windows 10 的"资源管理器"窗口右部，若已单击了第一个文件，又按住 Ctrl 键并单击了第 5 个文件，则_____。

    A. 有 0 个文件被选中   B. 有 5 个文件被选中

    C. 有 1 个文件被选中   D. 有 2 个文件被选中

28. 下列 Windows 10 桌面上图标的叙述中，错误的是_____。

    A. 所有的图标都可以重命名   B. 图标可以重新排列

    C. 图标可以复制   D. 所有的图标都可以移动

29. 下列关于 Windows 10 对话框的叙述中，错误的是_____。

    A. 对话框是提供给用户与计算机对话的界面

    B. 对话框的位置可以移动，但大小不能改变

    C. 对话框的位置和大小都不能改变

    D. 对话框中可能会出现滚动条

3.4 "Excel 基础" 测试题

1. 在 Excel 2016 中，一张工作表含有_____列。
   A. 254   B. 255   C. 16 384   D. 257

2. 在 Excel 中，下面叙述正确的是_____。
   A. Excel 工作表是个二维表
   B. 在 Excel 中，单击"保存"按钮，每个工作表都可以作为一个独立的文档保存在磁盘上
   C. Excel 没有工作表保护功能
   D. 单元格中输入的数据的多少受其列宽限制

3. 在 Excel 2016 中若要对 A1 至 A4 单元格内的 4 个数字求和，可采用的函数公式是_____。
   A. =SUM(A1:A4)   B. =(A1+A2+A3+A4)/4
   C. =(A1:A4)   D. =AVERAGE(A1:A4)

4. 在 Excel 2016 中，下列对"删除工作表"的说法，正确的是_____。
   A. 不允许删除   B. 删除后，不可以恢复
   C. 删除后，可以恢复   D. 以上说法都不对

5. 在 Excel 中，在单元格中输入数值数据和字符数据，默认的对齐方式是_____。
   A. 全部左对齐   B. 全部右对齐
   C. 右对齐和中间对齐   D. 右对齐和左对齐

6. 下列输入数据中，符合 Excel 2016 日期型格式的是_____。
   A. 10~01~99   B. 01, OCT, 99   C. 1999/10/01   D. 10/01/99

7. 在单元格中输入数字字符串 100081（邮政编码）时，应输入_____。
   A. 100081   B. "100081"
   C. ' 100081   D. 100081'

8. 在 Excel 中，工作表行号是由 1 到_____。
   A. 256   B. 1 024   C. 16 384   D. 1 048 576

9. 已知工作表 B3 单元格与 B4 单元格的值分别为"中国""北京"，要在 C4 单元格中显示"中国北京"，正确的公式为_____。
   A. =B3+B4   B. =B3, B4   C. =B3&B4   D. =B3; B4

10. 在 Excel 中，工作簿存盘时的扩展名约定是_____。
    A. xlsx   B. xlc   C. xlt   D. dbf

11. 在 Excel 中，当某工作簿有一般工作表和图表工作表时，在存文件时会分成_____个文件存储。
    A. 1   B. 3   C. 2   D. 4

12. 在 Excel 的单元格中输入_____，使该单元格显示 0.3。

    A. 6/20　　　　B. ="6/20"　　　　C. "6/20"　　　　D. =6/20

13. 在 Excel 的单元格中输入"（123）"，则显示值为_____。

    A. -123　　　　B. 123　　　　C. "123"　　　　D. （123）

14. 在 Excel 中，利用"插入"→"工作表"命令，每次可以插入_____个工作表。

    A. 1　　　　B. 2　　　　C. 4　　　　D. 12

15. 在 Excel 中，工作簿建立后，第一张工作表约定名称是_____。

    A. book　　　　B. 表　　　　C. book1　　　　D. Sheet1

16. 在 Excel 的工作表中，有关单元格的描述，下面正确的是_____。

    A. 单元格的高度和宽度不能调整　　　　B. 同一列单元格的宽度不必相同

    C. 同一行单元格的高度必须相同　　　　D. 单元格不能有底纹

17. 在 Excel 中制作了一个表格，默认表格线显示为_____。

    A. 无法打印出的虚线　　　　B. 无法打印出的实线

    C. 可以打印出的虚线　　　　D. 可以打印出的实线

18. 以下关于 Excel 的叙述中，正确的是_____。

    A. Excel 将工作簿的每一张工作表分别作为一个文件来保存

    B. Excel 允许同时打开多个工作簿文件进行处理

    C. Excel 的图表必须与生成该图表的有关数据处于同一张工作表上

    D. Excel 工作表的名称由文件决定

19. Excel 是一种_____。

    A. Windows 环境下的应用软件　　　　B. DOS 环境下的电子表格软件

    C. 图形窗口操作系统　　　　D. DOS 基础上的图形工具软件

20. Excel 的主要功能是_____。

    A. 表格处理、文字处理和文件管理

    B. 表格处理、网络通信和图表处理

    C. 表格处理、数据库管理和图表处理

    D. 表格处理、数据库管理和网络通信

21. Excel 2016 中，单元格的名称由_____组成。

    A. 行号　　　　B. 列标

    C. 列标在前，行号在后　　　　D. 行号在前，列标在后

22. Excel 处理的对象是_____。

    A. 工作簿　　　　B. 文档　　　　C. 程序　　　　D. 图形

23. 在 Excel 中执行存盘操作时，作为文件存储的是_____。

    A. 工作表　　　　B. 工作簿　　　　C. 图表　　　　D. 报表

24. 在 Excel 中，默认状态下最多可以有_____张工作表。

    A. 16　　　　B. 256　　　　C. 255　　　　D. 128

25. Excel 的三个主要功能是_____。

    A. 电子表格、图表、数据库　　　　B. 文字输入、表格、公式计算

    C．公式计算、图表、表格   D．图表、电子表格、公式计算

26．工作簿与工作表之间的正确关系是_____。

    A．一个工作表中可以有 3 个工作簿

    B．一个工作簿里只能有一个工作表

    C．一个工作簿最多有 25 列

    D．一个工作簿里可以有多个工作表

27．在 Excel 2016 中有关"删除"和"删除工作表"，下面说法正确的是_____。

    A．删除是删除工作表中的内容

    B．"删除工作表"是删除工作表和其中的内容

    C．Delete 键等同于删除命令

    D．Delete 键等同于删除工作表命令

28．Excel 中最小的操作单位是_____。

    A．工作簿   B．工作表   C．行   D．单元格

29．在 Excel 中，一组被选中的单元格被称为_____。

    A．文本块   B．行   C．列   D．单元格区域

30．在 Excel 中，按_____组合键可以在所选的多个单元格中输入相同的数据。

    A．Alt+Shift   B．Shift+Enter

    C．Ctrl+Enter   D．Alt+Enter

31．在 Excel 中，当某一个单元格显示一排与单元格等宽的"#"时，说明_____。

    A．所输入的公式中出现乘数为 0

    B．单元格内数据长度大于单元格的显示宽度

    C．被引用的单元格可能已被删除

    D．所输入公式中含有系统不认识的正文

32．Excel 工作表中可以选择一个或一组单元格，其中活动单元格的数目是_____。

    A．一个单元格   B．一行单元格

    C．一列单元格   D．等于被选中的单元格数目

33．已知单元格 A1 的内容为 100，下列属于合法数值型数据的是_____。

    A．$2*[3+(2-1)]$ B．$-5A1+1$

    C．$[(123+456)]/2$ D．$=3*(A1+1)$

34．在 Excel 中，进行数据库的_____操作时，所选取的数据库区域不应包括数据库的字段名。

    A．筛选   B．分类汇总   C．统计   D．排序

35．若要保护工作表的单元格，则_____。

    A．首先必须保护工作表   B．首先必须保护文件

    C．首先必须保护工作簿   D．无须先做任何其他保护工作

36. 以下对工作表数据进行移动操作的叙述中，正确的是_____。
    A. 被公式所引用单元格的内容可移至别处，别处数据也可以移至被引用单元格
    B. 如果目标区域已有数据，数据移动后，将显示在原目标区域之前
    C. 若目标区域已有数据，则将被移过来的数据取代
    D. 公式中直接引用单元格或间接引用单元格被移动后，公式结果不变

37. 在 Excel 单元格中输入正文，以下说法不正确的是_____。
    A. 在一个单元格可输入多达 255 个非数字项的字符
    B. 对于数字项，最多只能有 15 个数字位
    C. 对于数字项，若输入数字太长，Excel 会将它转化为科学计数形式
    D. 输入过长或极小的数时，Excel 便无法显示

38. 若要对 A1 至 A4 单元格内的 4 个数字求最小值，可采用的公式或函数有_____。
    A. MIN(A1:A4)   B. SUM(A1+A2:A4)
    C. MAX(A1:A4)   D. MIN(A1+A2+A3+A4)

39. 假定 A1:A10 的值为 1 到 10，则函数 SUM(A2:A5,A8) 的值_____。
    A. 35   B. 22   C. 55   D. 15

3.5 "计算机网络与安全基础"测试题

1. 拥有计算机并以拨号方式接入网络的用户需要使用_____。
   A. CD-ROM   B. 鼠标   C. 电话机   D. Modem
2. 联网计算机在相互通信时必须遵循统一的_____。
   A. 软件规范   B. 网络协议
   C. 路由算法   D. 安全规范
3. 在计算机网络中，通常把提供并管理共享资源的计算机称为_____。
   A. 服务器   B. 工作站   C. 网关   D. 网桥
4. Internet 上许多不同的复杂网络和许多不同类型的计算机赖以互相通信的基础是_____。
   A. ATM   B. TCP/IP   C. Novell   D. X.25
5. Internet 用户使用 FTP 的主要目的是_____。
   A. 发送和接收即时消息   B. 发送和接收电子邮件
   C. 上传和下载文件   D. 获取大型主机的数字证书
6. IPv6 的地址长度为_____。
   A. 32 位   B. 64 位   C. 128 位   D. 256 位
7. 网络中使用的互联设备 Hub 称为_____。
   A. 集线器   B. 路由器   C. 服务器   D. 网关
8. 网络协议是_____。
   A. 网络用户使用网络资源时必须遵守的规定
   B. 网络计算机之间进行通信的规定
   C. 网络操作系统
   D. 用于编写通信软件的程序设计语言
9. 应用层 DNS 协议主要用于实现的网络服务功能是_____。
   A. 网络设备名字到 IP 地址的映射   B. 网络硬件地址到 IP 地址的映射
   C. 进程地址到 IP 地址的映射   D. 用户名到进程地址的映射
10. WWW 客户与 WWW 服务器之间的信息传输使用的协议为_____。
    A. HTML   B. HTTP   C. SMTP   D. IMAP
11. 在一所大学里，每个系都有自己的局域网，则连接各个系的局域网_____。
    A. 是广域网   B. 是局域网
    C. 是地区网   D. 这些局域网不能互连
12. 在要求不高的网络中，传输介质一般采用_____。
    A. 光纤   B. 同轴电缆或双绞线
    C. 电话线   D. 普通电线

13. 为了保障网络安全，防止外部网对内部网的侵犯，多在内部网络与外部网络之间设置_____。

    A. 密码认证   B. 时间戳   C. 防火墙   D. 数字签名

14. 关于 Internet 中的电子邮件，以下说法错误的是_____。

    A. 电子邮件应用程序的主要功能是创建、发送、接收和管理邮件

    B. 电子邮件应用程序通常使用 SMTP 接收邮件、POP3 发送邮件

    C. 电子邮件由邮件头和邮件体两部分组成

    D. 利用电子邮件可以传送多媒体信息

15. 下列 URL 错误的是_____。

    A. html：//abc.com   B. http：//abc.com

    C. ftp：//abc.com   D. gopher：//abc.com

16. 打开网页后，能否将指定的标题及其内容保存到 C：\abc 下？_____。

    A. 能   B. 不能

    C. 只能保存到 C：\下   D. 只能保存到 D：\下

17. 190.168.2.56 属于以下_____类 IP 地址。

    A. A   B. B   C. C   D. D

18. WWW 起源于_____。

    A. 美国国防部   B. 美国科学基金会

    C. 欧洲粒子物理实验室   D. 英国剑桥大学

19. SUN 中国公司网站上提供了 SUN 全球各公司的链接网址，其中 WWW.SUN.COM.CN 表示 SUN _____公司的网站。

    A. 中国   B. 美国   C. 奥地利   D. 匈牙利

20. Internet 的域名结构是树状的，顶级域名不包括_____。

    A. usa（美国）   B. com（商业部门）

    C. edu（教育）   D. cn（中国）

21. 光纤作为传输介质的主要特点是_____。

    Ⅰ. 保密性好   Ⅱ. 高带宽   Ⅲ. 低误码率   Ⅳ. 拓扑结构复杂

    A. Ⅰ、Ⅱ和Ⅳ   B. Ⅰ、Ⅱ和Ⅲ   C. Ⅱ和Ⅳ   D. Ⅲ和Ⅳ

22. 虚拟银行是现代银行金融业的发展方向，它利用_____来开展银行业务，它将导致一场深刻的银行革命。

    A. 电话   B. 电视   C. 传真   D. Internet

23. 关于 Internet，以下说法错误的是_____。

    A. 从网络设计角度考虑，Internet 是一种计算机互联网

    B. 从使用者角度考虑，Internet 是一个信息资源网

    C. 连接在 Internet 上的客户机和服务被统称为主机

    D. Internet 利用集线器实现网络与网络的互联

24. 双绞线的两根绝缘的铜导线按一定的密度互相绞在一起的目的是_____。

    A. 阻止信号的衰减   B. 降低信号干扰的程度

      C. 增加数据的安全性   D. 没有任何作用

25. 如果没有特殊声明，匿名 FTP 服务登录账号为_____。

      A. user   B. anonymous

      C. guest   D. 用户自己的电子邮件地址

26. 在浏览网页的过程中，如果发现自己喜欢的网页并希望以后多次访问，应当使用的方法是将这个页面_____。

      A. 建立地址簿   B. 建立浏览

      C. 用笔抄写到笔记本上   D. 放到收藏夹中

27. 关于 WWW 服务系统，以下说法错误的是_____。

      A. WWW 服务采用服务器/客户机工作模式

      B. Web 页面采用 HTTP 书写而成

      C. 客户端应用程序通常称为浏览器

      D. 页面到页面的链接信息由 URL 维持

28. 在常用的传输介质中，_____的带宽最宽，信号传输衰减最小，抗干扰性最强。

      A. 双绞线   B. 同轴电缆   C. 光纤   D. 微波

29. 超文本之所以称之为超文本，是因为它里面包含有_____。

      A. 图形   B. 声音

      C. 与其他文本链接的文本   D. 电影

30. 下面是一些 Internet 上常见的文件类型，请指出_____文件类型一般代表 WWW 页面文件。

      A. htm 或 html   B. txt 或 text   C. gif 或 jpeg   D. wav 或 au

31. 调制解调器的作用是_____。

      A. 把计算机信号和音频信号互相转换

      B. 把计算机信号转换为音频信号

      C. 把音频信号转换成为计算机信号

      D. 防止外部病毒进入计算机中

32. IP 地址由一组_____的二进制数字组成。

      A. 8 位   B. 16 位   C. 32 位   D. 64 位

33. 指出以下统一资源定位器各部分的名称（从左到右），正确的是_____。

      http://home.×××××.com/main/index.html

      A. 主机域名、服务标志、目录名、文件名

      B. 服务标志、主机域名、目录名、文件名

      C. 服务标志、目录名、主机域名、文件名

      D. 目录名、主机域名、服务标志、文件名

34. 目前，Internet 使用的 IP 的版本号通常为_____。

      A. 3   B. 4   C. 5   D. 6

35. 以下关于误码率的描述中，说法错误的是_____。

A. 误码率是指二进制码元在数据传输系统中传错的概率

B. 数据传输系统的误码率必须为 0

C. 在数据传输速率确定后，误码率越低，传输系统设备越复杂

D. 如果传输的不是二进制码元，要折合成二进制码元计算

36. Internet explorer 是指_____。

A. Internet 安装向导

B. Internet 信箱管理器

C. Internet 的浏览器

D. 可通过其建立拨号网络

3.6 "PowerPoint 基础" 测试题

1. PowerPoint 默认的幻灯片自动版式是_____。
   A. 项目清单   B. 两栏文本   C. 表格   D. 标题幻灯片
2. 演示文稿中每张幻灯片都是基于某种_____创建的,它预定义了新建幻灯片的各种占位符布局情况。
   A. 视图   B. 版式   C. 母版   D. 模板
3. 下列操作中,不能退出 PowerPoint 的操作是_____。
   A. 单击"文件"菜单中的"关闭"命令
   B. 单击"文件"菜单的"退出"命令
   C. 按快捷键 Alt+F4
   D. 双击 PowerPoint 窗口的控制菜单图标
4. 在 PowerPoint 的打印对话框中,不是合法的"打印内容"选项是_____。
   A. 备注页   B. 幻灯片   C. 讲义   D. 幻灯片浏览
5. PowerPoint 文件的扩展名是_____。
   A. pptx   B. potx   C. ppsx   D. dot
6. 在 PowerPoint 中,若需将幻灯片从打印机输出,可以用下列快捷键_____。
   A. Shift+P   B. Shift+L   C. Ctrl+P   D. Alt+P
7. 当一个 PowerPoint 的窗口被关闭后,被编辑的文件将_____。
   A. 被从磁盘中清除   B. 被从内存中清除
   C. 被从磁盘或内存中清除   D. 不会从内存中清除
8. 在 PowerPoint 中,将某张幻灯片版式更改为"垂直排列"文本,应选择的选项卡是_____。
   A. 开始   B. 插入   C. 页面布局   D. 视图
9. 在 PowerPoint 中,不能对个别幻灯片内容进行编辑修改的视图方式是_____。
   A. 大纲视图   B. 幻灯片视图
   C. 幻灯片浏览视图   D. 以上三项均不能
10. PowetPoint 模板文件的扩展名是_____。
   A. pptx   B. potx   C. ppsx   D. dot
11. 在幻灯片的放映过程中要中断放映,可以直接按_____键。
   A. Alt+F4   B. Ctrl+X   C. Esc   D. End
12. 在 PowerPoint 中,进行幻灯片放映时退出放映的按键操作是_____。
   A. Quit   B. Esc   C. Alt+Esc   D. Ctrl+Esc

13. 当保存演示文稿时，出现"另存为"对话框，则说明_____。

    A. 该文件保存时不能用该文件原来的文件名

    B. 该文件不能保存

    C. 该文件未保存过

    D. 该文件已经保存过

14. 在 PowerPoint 中，当新建一个演示文稿时，演示文稿标题栏中显示的默认名是_____。

    A. Untitle_1　　　B. 演示文稿 1　　　C. 文档 1　　　　D. Office_1

15. 在 PowerPoint 中，若将演示文稿保存为一般格式的演示文稿，默认的扩展名是_____。

    A. pps　　　　　　B. doc　　　　　　C. pptx　　　　　D. Html

16. 在 PowerPoint 中，关于文件名的说法正确的是_____。

    A. 字母加空格最多 128 个字符　　　B. 不能用空格

    C. 不能用汉字　　　　　　　　　　D. 字符个数最多可达 255 个

17. 在 PowerPoint 中，对模板的说法不正确的是_____。

    A. 模板指一个演示文稿整体上的外观设计方案

    B. 系统所提供的每个模板都表达了某种风格

    C. 模板文件默认放在 Office 的 Template 文件夹中

    D. 一个模板文件只能用于一张幻灯片中

18. 在 PowerPoint 中，要选定多个图形时，需_____，然后用鼠标单击要选定的图形对象。

    A. 先按住 Alt 键　　　　　　　　　B. 先按住 Home键

    C. 先按住 Shift 键　　　　　　　　D. 先按住 Ctrl 键

19. 在 PowerPoint 中按功能键 F7 的功能是_____。

    A. 打开文件　　　B. 拼写检查　　　C. 打印预览　　　D. 样式检查

20. 幻灯片的切换方式是指_____。

    A. 在编辑新幻灯片时的过渡形式

    B. 在编辑幻灯片时切换不同视图

    C. 在编辑幻灯片时切换不同的设计模板

    D. 在幻灯片放映时两张幻灯片间的过渡形式

21. 在 PowerPoint 中，文字区的插入条光标存在，证明此时是_____状态。

    A. 移动　　　　　B. 文字编辑　　　C. 复制　　　　　D. 文字框选取

22. 在 PowerPoint 中移动一张幻灯片时，下列说法正确的是_____。

    A. 在任意视图下均可以移动

    B. 只能在普通视图下进行移动

    C. 只能在大纲视图下进行移动

    D. 除了幻灯片放映视图的其他任意视图下都可以移动

3.7 "Flash 基础" 测试题

一、选择题

1. Flash MX 中_____是构成动画的基本单位。

   A. 图层　　　　　　B. 场景　　　　　　C. 关键帧　　　　　　D. 过渡帧

2. 按钮在操作之初，呈现的是_____里的内容。

   A. 弹起　　　　　　B. 指针经过　　　　C. 按下　　　　　　　D. 单击

3. Flash MX 中，图层和场景的关系，下列说法正确的是_____。

   A. 一个场景里只能有一个图层　　　　B. 一个图层里只能有一个场景

   C. 一个场景里可以容纳很多图层　　　D. 一个图层里可以容纳很多场景

4. 可以对对象大小、角度进行修改的自由形变工具是_____。

   A. 🖎　　　　　　　B. ⊞　　　　　　　C. 🖌　　　　　　　D. 🖊

5. 要新建一小段动画，使其在 Flash MX 动画制作的不同地方都能使用，则适合建立一个_____。

   A. 按钮元件　　　　B. 图形元件　　　　C. 其他　　　　　　　D. 影片剪辑

6. 在"混色器"中，可以用图片填充对象的选项是_____。

   A. 位图　　　　　　B. 纯色　　　　　　C. 线性　　　　　　　D. 放射状

二、填空题

1. 在要对一幅导入的图片进行编辑时，先要把它_____，要选择相近的颜色，最好使用工具_____。

2. Flash MX 中，帧可以分为_____、_____、_____。

3. 要对一个图形的运动进行引导，可以用_____层。当要形成对图片的遮盖效果时，可以使用_____层。

4. 在创建补间动画时，要对一个改变位置的元件创建补间，应该选择_____。如果要对一个形状改变的元件创建补间，应该选择_____。

3.8 "Photoshop 基础" 测试题

一、选择题

1. 不属于滤镜中艺术效果类的是_____。
   - A. 壁画
   - B. 彩笔
   - C. 木刻
   - D. 塑料效果

2. 下列不属于路径工具的是_____。
   - A. 磁性钢笔工具
   - B. 自由钢笔工具
   - C. 路径组件选择工具
   - D. 裁切工具

3. 在窗口中双击鼠标可以_____。
   - A. 打开文件
   - B. 保存文件
   - C. 新建文件
   - D. 另存为文件

4. 对已存在的选区羽化可以用下列快捷键_____。
   - A. Ctrl+Shift+D
   - B. Ctrl+D
   - C. Ctrl+Alt+D
   - D. Alt+D

5. 下列不能进行修改的是_____。
   - A. 文字图层
   - B. 背景图层
   - C. 普通图层
   - D. 调整层

二、填空题

1. 矩形工具包括矩形选框工具、_____、单行选框工具、单列选框工具。

2. 新建文件时的模式有_____、灰度、位图、RGB、LAB 模式。

3. Photoshop 中新增的修复画笔工具包括_____、_____。

4. 通道主要分为_____、_____通道及_____通道。

3.9 "Access 数据库基础" 测试题

测 试 一

一、选择题

1. 数据库系统是由数据库、数据库管理系统、应用程序、_____、用户等构成的人机系统。

    A. 数据库管理员 B. 程序员   C. 高级程序员   D. 软件开发商

2. 在数据库中存储的是_____。

    A. 信息   B. 数据   C. 数据结构   D. 数据模型

3. 在下面关于数据库的说法中，错误的是_____。

    A. 数据库有较高的安全性

    B. 数据库有较高的数据独立性

    C. 数据库中的数据被不同的用户共享

    D. 数据库没有冗余

4. 关系数据库是以_____为基本结构而形成的数据集合。

    A. 数据表   B. 关系模型   C. 数据模型   D. 关系代数

5. 在一个学生数据库中，"学号"字段应当是_____。

    A. 数字型   B. 文本型   C. 自动编号型   D. 备注型

6. 在一个单位的人事数据库中，"简历"字段的数据类型应当是_____。

    A. 文本型   B. 数字型   C. 日期/时间型 D. 备注型

7. 在数据表视图中，不可以_____。

    A. 修改字段的类型   B. 修改字段的名称

    C. 删除一个字段   D. 删除一条记录

8. 用于存放数据库数据的是_____。

    A. 表   B. 查询   C. 窗体   D. 报表

9. 在 Access 中，表和数据库的关系是_____。

    A. 一个数据库可以包含多个表   B. 一个表只能包含两个数据库

    C. 一个表可以包含多个数据库   D. 一个数据库只能包含一个表

10. 在关系型数据库中，二维表中的一行被称为_____。

    A. 字段   B. 数据   C. 记录   D. 数据视图

11. 如 SQL 语句中条件中"性别 =" 女" And 工资额 > 2000"的意思是_____。

    A. 性别为"女"并且工资额大于 2000 的记录

    B. 性别为"女"或者且工资额大于 2000 的记录

C. 性别为"女"并非工资额大于 2000 的记录

D. 性别为"女"或者工资额大于 2000，且二者选一的记录

12. 如果"成绩"字段的取值范围为 0~100，则错误的有效性规则是_____。

    A. >=0 And <=100　　　　　　B. ［成绩］>=0 And ［成绩］<=100

    C. 成绩>=0 And 成绩<=100　　　D. 0<=［成绩］<=100

二、填空题

1. Access 创建的数据库，文件的扩展名为 ___(1)___ 。

2. Access 数据库是 ___(2)___ 型数据库。

3. Access 提供了 ___(3)___ 种数据类型。

4. 在 Access 中，表间的关系有 ___(4)___ 、一对多及多对多。

5. 一个表中可能有多个关键字，但在实际的应用中只能选择一个，被选用的关键字称为 ___(5)___ 。

测 试 二

一、选择题

1. 在计算机中，算法是指_____。

    A. 查询方法　　　　　　　　B. 加工方法

    C. 解题方案的准确而完整的描述　　D. 排序方法

2. 栈和队列的共同点是_____。

    A. 都是先进后出

    B. 都是先进先出

    C. 只允许在端点处插入和删除元素　D. 没有共同点

3. 已知二叉树 BT 的后序遍历序列是 dabec，中序遍历序列是 debac，它的前序遍历序列是_____。

    A. cedba　　　B. acbed　　　C. decab　　　D. deabc

4. 在下列几种排序方法中，要求内存量最大的是_____。

    A. 插入排序　　B. 选择排序　　C. 快速排序　　D. 归并排序

5. 在设计程序时，应采纳的原则之一是_____。

    A. 程序结构应有助于读者理解　　B. 不限制 goto 语句的使用

    C. 减少或取消注解行　　　　　　D. 程序越短越好

6. 下列不属于软件调试技术的是_____。

    A. 强行排错法　　B. 集成测试法　　C. 回溯法　　　D. 原因排除法

7. 下列叙述中，不属于软件需求规格说明书的作用的是_____。

    A. 便于用户、开发人员进行理解和交流

    B. 反映出用户问题的结构，可以作为软件开发工作的基础和依据

    C. 作为确认测试和验收的依据

    D. 便于开发人员进行需求分析

8. 在数据流图（DFD）中，带有名字的箭头表示_____。

    A. 控制程序的执行顺序　　　　B. 模块之间的调用关系

C. 数据的流向   D. 程序的组成成分

9. SQL 语言又称为_____。

    A. 结构化定义语言   B. 结构化控制语言

    C. 结构化查询语言   D. 结构化操纵语言

10. 视图设计一般有 3 种设计次序，下列不属于视图设计的是_____。

    A. 自顶向下   B. 由外向内   C. 由内向外   D. 自底向上

11. 关于数据库系统对比文件系统的优点，下列说法错误的是_____。

    A. 提高了数据的共享性，使多个用户能够同时访问数据库中的数据

    B. 消除了数据冗余现象

    C. 提高了数据的一致性和完整性

    D. 提供数据与应用程序的独立性

12. 要从学生表中找出姓"刘"的学生，需要进行的关系运算是_____。

    A. 选择   B. 投影   C. 连接   D. 求交

13. 在关系数据模型中，域是指_____。

    A. 元组   B. 属性   C. 元组的个数   D. 属性的取值范围

14. Access 字段名的最大长度为_____。

    A. 64 个字符   B. 128 个字符   C. 255 个字符   D. 256 个字符

15. 必须输入任何的字符或一个空格的输入掩码是_____。

    A. A   B. a   C. &   D. C

16. 下列 SELECT 语句正确的是_____。

    A. SELECT ＊ FROM ＼ 学生表＼ WHERE 姓名 =＼ 张三＼

    B. SELECT ＊ FROM ＼ 学生表＼ WHERE 姓名 =张三

    C. SELECT ＊ FROM 学生表 WHERE 姓名 =' 张三'

    D. SELECT ＊ FROM 学生表 WHERE 姓名 =张三

17. 以下不属于操作查询的是_____。

    A. 交叉表查询   B. 生成表查询   C. 更新查询   D. 追加查询

18. 下列不属于 Access 提供的窗体类型是_____。

    A. 表格式窗体   B. 数据表窗体   C. 图形窗体   D. 图表窗体

19. 控件的显示效果可以通过其"特殊效果"属性来设置，下列不属于"特殊效果"属性值的是_____。

    A. 平面   B. 凸起   C. 凿痕   D. 透明

20. 有效性规则主要用于_____。

    A. 限定数据的类型   B. 限定数据的格式

    C. 设置数据是否有效   D. 限定数据取值范围

21. 下列不是窗体控件的是_____。

    A. 表   B. 单选按钮   C. 图像   D. 直线

22. 以下不是 Access 预定义报表格式的是_____。

    A."标准"   B."大胆"   C."正式"   D."随意"

23. 以下关于报表的叙述，正确的是_____。

A. 报表只能输入数据　　　　B. 报表只能输出数据

C. 报表可以输入和输出数据　　D. 报表不能输入和输出数据

24. 一个报表最多可以对_____个字段或表达式进行分组。

A. 6　　　　　B. 8　　　　　C. 10　　　　　D. 16

25. 要设置在报表每一页的顶部输出的信息，需要设置_____。

A. 报表页眉　　B. 报表页脚　　C. 页面页眉　　D. 页面页脚

26. 在 Access 中需要发布数据库中的数据时，可以采用的对象是_____。

A. 数据访问页　　B. 表　　　　C. 窗体　　　　D. 查询

27. 宏是由一个或多个_____组成的集合。

A. 命令　　　　B. 操作　　　　C. 对象　　　　D. 表达式

28. 用于打开报表的宏命令是_____。

A. OpenForm　　B. OpenReport　　C. OpenQuery　　D. RunApp

29. VBA 的逻辑值进行算术运算时，True 值被当成_____。

A. 0　　　　　B. 1　　　　　C. −1　　　　　D. 不确定

30. 如果要取消宏的自动运行，在打开数据库时按住_____键即可。

A. Shift　　　B. Ctrl　　　　C. Alt　　　　D. Enter

31. 定义了二维数组 A(3 to 8,3)，该数组的元素个数为_____。

A. 20　　　　　B. 24　　　　　C. 25　　　　　D. 36

32. 阅读下面的程序段：

```
K = 0
For I = 1 to 3
    For J = 1 to I
        K = K+J
    Next J
Next I
```

执行上面的语句后，K 的值为_____。

A. 8　　　　　B. 10　　　　　C. 14　　　　　D. 21

33. VBA 数据类型符号"%"表示的数据类型是_____。

A. 整型　　　　B. 长整型　　　C. 单精度型　　　D. 双精度型

34. 函数 Mid("123456789",3,4)返回的值是_____。

A. 123　　　　B. 1234　　　　C. 3456　　　　D. 456

35. 运行下面程序代码后，变量 J 的值为_____。

```
Private Sub Fun( )
Dim J as Integer
    J = 10
    DO
        J = J+3
    Loop While J<19
End Sub
```

A. 10   B. 13   C. 19   D. 21

二、填空题

1. 实现算法所需的存储单元多少和算法的工作量大小分别称为算法的 ___(1)___ 。

2. 数据结构包括数据的逻辑结构、数据的 ___(2)___ 以及对数据的操作运算。

3. 一个类可以从直接或间接的祖先中继承所有属性和方法，采用这个方法提高了软件的 ___(3)___ 。

4. 面向对象的模型中，最基本的概念是对象和 ___(4)___ 。

5. 软件维护活动包括以下几类：改正性维护、适应性维护、 ___(5)___ 维护和预防性维护。

6. SQL（结构化查询语言）是在数据库系统中应用广泛的数据库查询语言，它包括了数据定义、数据查询、 ___(6)___ 和 ___(7)___ 4 种功能。

7. 文本型字段大小的取值最大为 ___(8)___ 个字符。

8. 使用查询向导创建交叉表查询的数据源必须来自 ___(9)___ 个表或查询。

9. 计算型控件用 ___(10)___ 作为数据源。

10. ___(11)___ 报表也称为窗体报表。

11. ___(12)___ 函数返回当前系统日期和时间。

12. 运行下面程序，其输出结果（str2 的值）为 ___(13)___ 。

```
Dim str1 , str2 As String
Dim i As Integer
    str1 = " abcdef"
    For i = 1 To Len( str1 ) Step 2
        str2 = UCase( Mid( str1 , i , 1 ) ) +str2
    Next
MsgBox str2
```

13. 运行下面程序，其运行结果 k 的值为 ___(14)___ ，其最里层循环体执行次数为 ___(15)___ 。

```
Dim i , j , k As Integer
i = 1
Do
    For j = 1 To i Step 2
        k = k+j
    Next
    i = i+2
Loop Until i>8
```

测 试 三

一、选择题

1. 下列选项中不属于结构化程序设计方法的是_____。

A. 自顶向下　　　B. 逐步求精　　　C. 模块化　　　D. 可复用

2. 两个或两个以上模块之间关联的紧密程度称为_____。

A. 耦合度　　　　　　　　　B. 内聚度

C. 复杂度　　　　　　　　　D. 数据传输特性

3. 下列叙述中正确的是 _____。

A. 软件测试应该由程序开发者来完成

B. 程序经调试后一般不需要再测试

C. 软件维护只包括对程序代码的维护

D. 以上三种说法都不对

4. 按照 "后进先出" 原则组织数据的数据结构是_____。

A. 队列　　　　　B. 栈　　　　　C. 双向链表　　　D. 二叉树

5. 下列叙述中正确的是_____。

A. 线性链表是线性表的链式存储结构

B. 栈与队列是非线性结构

C. 双向链表是非线性结构

D. 只有根结点的二叉树是线性结构

6. 二叉树是非线性数据结构，所以_____。

A. 它不能用顺序存储结构存储

B. 它不能用链式存储结构存储

C. 顺序存储结构和链式存储结构都能存储

D. 顺序存储结构和链式存储结构都不能使用

7. 在深度为 7 的满二叉树中，叶子结点的个数为_____。

A. 32　　　　　B. 31　　　　　C. 64　　　　　D. 63

8. "商品" 与 "顾客" 两个实体集之间的联系一般是_____。

A. 一对一　　　B. 一对多　　　C. 多对一　　　D. 多对多

9. 在 E-R 图中，用来表示实体的图形是_____。

A. 矩形　　　　B. 椭圆形　　　C. 菱形　　　D. 三角形

10. 数据库（DB）、数据库系统（DBS）、数据库管理系统（DBMS）之间的关系是_____。

A. DB 包含 DBS 和 DBMS　　　B. DBMS 包含 DB 和 DBS

C. DBS 包含 DB 和 DBMS　　　D. 没有任何关系

11. 常见的数据模型有 3 种，它们是_____。

A. 网状、关系和语义　　　　B. 层次、关系和网状

C. 环状、层次和关系　　　　D. 字段名、字段类型和记录

12. 在以下叙述中正确的是_____。

A. Access 只能使用系统菜单创建数据库应用系统

B. Access 不具备程序设计能力

C. Access 只具备了模块化程序设计能力

D. Access 具有面向对象的程序设计能力，并能创建复杂的数据库应用系统

13. 不属于 Access 对象的是_____。

    A. 表　　　　　　B. 文件夹　　　　C. 窗体　　　　D. 查询

14. 表的组成内容包括_____。

    A. 查询和字段　　B. 字段和记录　　C. 记录和窗体　　D. 报表和字段

15. 在数据表视图中，不能_____。

    A. 修改字段的类型　　　　　　　B. 修改字段的名称

    C. 删除一个字段　　　　　　　　D. 删除一条记录

16. 数据类型是_____。

    A. 字段的另一种说法

    B. 决定字段能包含哪类数据的设置

    C. 一类数据库应用程序

    D. 一类用来描述 Access 表向导允许从中选择的字段名称

17. 现有一个已经建好的"按雇员姓名查询"的窗体，如图 3.9.1 所示。

图 3.9.1　按雇员姓名查询

运行该窗体后，在文本框中输入要查询雇员的姓名，当按下"查询"按钮时，运行一个"按雇员姓名查询"的查询，该查询显示出所查雇员的雇员 ID、姓名和职称三段。若窗体中的文本框名称为 tName，设计"按雇员姓名查询"正确的设计视图是_____。

    A.

B.

C.

D.

18. 图 3.9.2 是使用查询设计器完成的查询，与该查询等价的 SQL 语句是_____。

A. select 学号，数学 from sc where 数学＞（select avg（数学）from sc）.

B. select 学号 where 数学＞（select avg（数学）from sc）.

C. select 数学 avg（数学）from sc.

D. select 数学>（select avg（数学）from sc）.

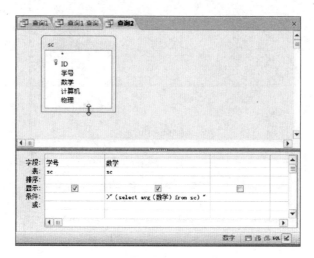

图 3.9.2　使用查询设计器的查询

19. 在图 3.9.3 中，与查询设计器的筛选标签中所设置的筛选功能相同的表达式是_____。

  A. 成绩表．综合成绩>= 80 AND 成绩表．综合成绩 =<90

  B. 成绩表．综合成绩>80 AND 成绩表．综合成绩<90

  C. 80<= 成绩表．综合成绩<= 90

  D. 80<成绩表．综合成绩<90

图 3.9.3　选择查询

20. 图 3.9.4 中所示的查询返回的记录是_____。

  A. 不包含 80 分和 90 分   B. 不包含 80 至 90 分数段

  C. 包含 80 至 90 分数段   D. 所有的记录

图 3.9.4 查询

21. 排序时如果选取了多个字段，则输出结果是_____。

    A. 按设定的优先次序依次进行排序

    B. 按最右边的列开始排序

    C. 按从左向右优先次序依次排序

    D. 无法进行排序

22. 为窗口中的命令按钮设置单击鼠标时发生的动作，应选择设置其属性对话框的_____。

    A. 格式选项卡　　B. 事件选项卡　　C. 方法选项卡　　D. 数据选项卡

23. 要改变窗体上文本框控件的数据源，应设置的属性是_____。

    A. 记录源　　　　B. 控件来源　　　C. 筛选查询　　　D. 默认值

24. 在使用报表设计器设计报表时，如果要统计报表中某个字段的全部数据，应将计算表达式放在_____。

    A. 组页眉/组页脚　　　　　　　　B. 页面页眉/页面页脚

    C. 报表页眉/报表页脚　　　　　　D. 主体

25. 如果加载一个窗体，先被触发的事件是_____。

    A. Load 事件　　B. Open 事件　　C. Click 事件　　D. DaClick 事件

26. 数据访问页可以简单地认为就是一个_____。

    A. 网页　　　　　B. 数据库文件　　C. Word 文件　　D. 子表

27. 使用宏组的目的是_____。

    A. 设计出功能复杂的宏　　　　　B. 设计出包含大量操作的宏

    C. 减少程序内存消耗　　　　　　D. 对多个宏进行组织和管理

28. 以下是宏对象 m1 的操作序列设计：

假定在宏 m1 的操作中涉及的对象均存在，现将设计好的宏 m1 设置为窗体 "fTest" 上某个命令按钮的单击事件属性，则打开窗体 "fTest1" 运行后，单击该命令按钮，会启动宏 m1 的运行。宏 m1 运行后，前两个操作会先后打开窗体对象 "fTest2" 和表对象 "tStud"。那么执行 Close 操作后，会_____。

A. 只关闭窗体对象"fTest1"

B. 只关闭表对象"tStud"

C. 关闭窗体对象"fTest2"和表对象"tStud"

D. 关闭窗体"fTest1"和"fTest2"及表对象"tStud"

29. VBA 程序的多条语句可以写在一行中，其分隔符必须使用符号_____。

A. :　　　　　B. '　　　　　C. ;　　　　　D. ,

30. VBA 表达式 3 * 3 \ 3/3 的输出结果是_____。

A. 0　　　　　B. 1　　　　　C. 3　　　　　D. 9

31. 现有一个已经建好的窗体，窗体中有一个命令按钮，单击此按钮，将打开"tEmployee"表，如果采用 VBA 代码完成，下面语句正确的是_____。

A. docmd. openform "tEmployee"

B. docmd. openview "tEmployee"

C. docmd. opentable "tEmployee"

D. docmd. openreport "tEmployee"

32. Access 的控件对象可以设置某个属性来控制对象是否可用（不可用时显示为灰色状态），需要设置的属性是_____。

A. Default　　B. Cancel　　C. Enabled　　D. Visible

33. 以下程序段运行结束后，变量 x 的值为_____。

x = 2

y = 4

Do

　　x = x * y

　　y = y+1

Loop While y<4

A. 2　　　　　B. 4　　　　　C. 8　　　　　D. 20

34. 在窗体上添加一个命令按钮（名为 Command1），然后编写如下事件过程：

Private Sub Command1_Click( )

For i = 1 To 4

　　x = 4

　　For j = 1 To 3

　　　　x = 3

　　　　For k = 1 To2

　　　　　　x = x+6

　　　　Next k

　　Next j

Next i

MsgBox x

```
    End Sub
```
打开窗体后，单击命令按钮，消息框的输出结果是_____。

    A. 7   B. 15   C. 157   D. 538

35. 假定有如下的 Sub 过程：

```
    Sub sfun( x As Single , y As Single )
        t = x
        x = t / y
        y = t Mod y
    End Sub
```

在窗体上添加一个命令按钮（名为 Command1），然后编写如下事件过程：

```
    Private Sub Command1_Click( )
    Dim a as single
    Dim b as single
        a = 5
        b = 4
        sfun a , b
        MsgBox a & chr( 10 )+chr( 13 ) & b
    End Sub
```

打开窗体运行后，单击命令按钮，消息框的两行输出内容分别为_____。

    A. 1 和 1   B. 1.25 和 1   C. 1.25 和 4   D. 5 和 4

二、填空题

1. 对长度为 10 的线性表进行冒泡排序，最坏情况下需要比较的次数为___(1)___。

2. 在面向对象方法中，___(2)___描述的是具有相似属性与操作的一组对象。

3. 在关系模型中，把数据看成是二维表，每一个二维表称为一个___(3)___。

4. 程序测试分为静态分析和动态测试。其中___(4)___是指不执行程序，而只是对程序文本进行检查，通过阅读和讨论，分析和发现程序中的错误。

5. 数据独立性分为逻辑独立性与物理独立性。当数据的存储结构改变时，其逻辑结构可以不变，因此，基于逻辑结构的应用程序不必修改，称为___(5)___。

6. 结合型文本框可以从表、查询或___(6)___中获得所需的内容。

7. 在创建主/子窗体之前，必须设置___(7)___之间的关系。

8. 函数 Right（"计算机等级考试"，4）的执行结果是___(8)___。

9. 某窗体中有一个命令按钮，在窗体视图中单击此命令按钮打开一个查询，需要执行的操作是___(9)___。

10. 在使用 Dim 语句定义数组时，在默认情况下数组下标的下限为___(10)___。

11. 在窗体中添加一个命令按钮，名称为 Command1，然后编写如下程序：

```
Private Sub Command1_Click()
Dim s,i
For i = 1 To 10
    s = s+i
Next i
MsgBox s
End Sub
```

窗体打开运行后，单击命令按钮，则消息框的输出结果为 ___(11)___ 。

12. 在窗体中添加一个名称为 Command1 的命令按钮，然后编写如下程序：

```
Private Sub s(By Val p As lnteger)
    p = p * 2
End Sub
Private Sub Command1_Click()
Dim i As Integer
i = 3
Call s(i)
If i>4 Then i = i^2
MsgBox i
End Sub
```

窗体打开运行后，单击命令按钮，则消息框的输出结果为 ___(12)___ 。

13. 设有如下代码：

```
x = 1
Do
    x = x+2
Loop Until ___(13)___
```

运行程序，要求循环体执行 3 次后结束循环，在空白处填入适当语句。

14. 窗体中有两个命令按钮："显示"（控件名为 cmdDisplay）和"测试"（控件名为 cmdTest）。以下事件过程的功能是：单击"测试"按钮时，窗体上弹出一个消息框。如果单击消息框的"确定"按钮，隐藏窗体上的"显示"命令按钮；单击"取消"按钮关闭窗体。按照功能要求，将程序补充完整。

```
Private Sub cmdTest_Click()
Answer = ___(14)___ ("隐藏按钮",vbOKCancel)
If Answer = vbOK Then
    cmdDisplay. Visible = ___(15)___
Else
    Docmd. Close
End If
End Sub
```

基础知识测试题参考答案

3.1 "计算机基础"测试题答案

1. C 2. C 3. D 4. B 5. C 6. C 7. C 8. D 9. B 10. D 11. C
12. C 13. D 14. A 15. B 16. D 17. A 18. C 19. D 20. C 21. D
22. D 23. B 24. C 25. B 26. D 27. B 28. A 29. C 30. B 31. B
32. D 33. D 34. D 35. D 36. C

3.2 "Word 基础"测试题答案

1. D 2. C 3. D 4. D 5. C 6. D 7. D 8. B 9. B 10. A 11. C
12. C 13. A 14. D 15. B 16. C 17. C 18. D 19. D 20. B 21. D
22. A 23. C 24. C 25. B 26. D 27. D 28. A 29. B 30. B 31. D
32. A 33. B 34. D 35. B

3.3 "操作系统基础"测试题答案

1. D 2. B 3. B 4. A 5. C 6. C 7. A 8. A 9. C 10. B 11. A
12. A 13. D 14. D 15. D 16. B 17. B 18. D 19. D 20. C 21. D
22. C 23. B 24. B 25. C 26. B 27. D 28. C 29. C

3.4 "Excel 基础"测试题答案

1. B 2. A 3. A 4. B 5. D 6. D 7. A 8. D 9. C 10. A 11. A
12. D 13. A 14. A 15. D 16. C 17. D 18. B 19. A 20. C 21. C
22. A 23. B 24. A 25. A 26. D 27. D 28. D 29. D 30. A 31. B
32. A 33. D 34. B 35. B 36. C 37. D 38. A 39. B

3.5 "计算机网络与安全基础"测试题答案

1. D 2. B 3. A 4. B 5. C 6. C 7. A 8. B 9. A 10. B 11. B
12. B 13. C 14. B 15. A 16. A 17. B 18. A 19. A 20. A 21. B
22. D 23. D 24. B 25. B 26. D 27. B 28. C 29. C 30. A 31. A
32. C 33. B 34. B 35. B 36. C

3.6 "PowerPoint 基础"测试题答案

1. D 2. B 3. A 4. D 5. A 6. C 7. B 8. A 9. C 10. B 11. C
12. B 13. C 14. B 15. C 16. D 17. D 18. D 19. B 20. D 21. B
22. D

3.7 "Flash 基础"测试题答案

一、选择题

1. C 2. A 3. C 4. B 5. C 6. A

二、填空题

1. 打散，魔术棒 2. 关键帧，过渡帧，空白帧 3. 引导，遮罩 4. 动作补间，

形状补间

3.8 "Photoshop 基础"测试题答案

一、选择题

1. C　2. C　3. A　4. C　5. B

二、填空题

1. 椭圆选框工具　2. CMYK　3. 修复画笔工具、修补工具　4. 颜色、专色、alpha

3.9 "Access 数据库基础"测试题答案

测 试 一

一、选择题

1. A　2. B　3. D　4. B　5. B　6. D　7. A　8. A　9. A　10. C　11. A
12. D

二、填空题

1. mdb　2. 关系　3. 10　4. 一对一　5. 主键

测 试 二

一、选择题

1. C　2. C　3. A　4. D　5. A　6. B　7. D　8. C　9. C　10. B　11. B
12. A　13. D　14. A　15. C　16. C　17. A　18. C　19. D　20. D　21. A
22. A　23. B　24. C　25. C　26. A　27. B　28. B　29. C　30. A　31. B
32. B　33. A　34. C　35. C

二、填空题

1. 空间复杂度和时间复杂度　2. 存储结构　3. 可重用性　4. 类　5. 完善性
6. 数据操纵、数据控制　7. 255　8. 一　9. 表达式　10. 纵栏式　11. Now
12. ECA　13. 30、10

测 试 三

一、选择题

1. D　2. A　3. D　4. B　5. A　6. D　7. C　8. D　9. A　10. C　11. B
12. D　13. B　14. B　15. A　16. C　17. C　18. A　19. A　20. D　21. C
22. B　23. B　24. C　25. A　26. A　27. D　28. C　29. A　30. B　31. C
32. C　33. C　34. B　35. B

二、填空题

1. 45　2. 类　3. 关系　4. 静态分析　5. 逻辑独立性　6. SQL 查询　7. 表
8. 等级考试　9. OpenQuery　10. 0　11. 55　12. 36　13. $x = 7$　14. MsgBox
15. False